实用工业防腐剂
配方与制备
200 例

李东光　主编

SHIYONG
GONGYE FANGFUJI
PEIFANG YU ZHIBEI
200 LI

U0324592

化学工业出版社

·北京·

内 容 简 介

本书精选近年来绿色、环保、经济的200种工业防腐剂配方，重点阐述了原料配比、制备方法、产品应用、产品特性等内容，具有原料易得、配方新颖、产品实用等特点。

本书可供从事工业防腐剂配方设计、研发、生产、管理等人员使用，同时可供精细化工专业的师生参考。

图书在版编目（CIP）数据

实用工业防腐剂配方与制备200例/李东光主编. —北京：化学工业出版社，2021.9（2023.1重印）
ISBN 978-7-122-39374-6

Ⅰ.①实… Ⅱ.①李… Ⅲ.①防腐剂-配方②防腐剂-制备 Ⅳ.①TQ047.6

中国版本图书馆CIP数据核字（2021）第123372号

责任编辑：张 艳　　　　　　　　　　文字编辑：苗 敏　师明远
责任校对：边 涛　　　　　　　　　　装帧设计：王晓宇

出版发行：化学工业出版社（北京市东城区青年湖南街13号　邮政编码100011）
印　　装：北京虎彩文化传播有限公司
710mm×1000mm　1/16　印张10　字数189千字　　2023年1月北京第1版第4次印刷

购书咨询：010-64518888　　　　　　售后服务：010-64518899
网　　址：http://www.cip.com.cn
凡购买本书，如有缺损质量问题，本社销售中心负责调换。

定　　价：58.00元

前言

工业防腐剂是指在工业领域中抑制和阻碍微生物的生长与繁殖或杀死微生物，防止保护对象腐败变质的一类制剂。工业材料及其制品因含有水分和微生物生长的营养物质，较容易受到微生物污染而发生腐烂、变臭、变色、分层和黏度下降等变质现象，在产品中适量加入防腐剂是防止微生物腐败变质的一个十分有效的手段。

工业防腐剂的作用主要是使微生物体内的蛋白质变质，破坏微生物的细胞壁，从而干扰其生长与繁殖。如果没有防腐剂存在，企业生产的成本将大大提高，商品价格也会随之上涨，我们现在使用的许多东西也就都只有很短的保质期，这样就会限制货物流通从而导致经济发展减慢。因此，工业防腐剂对工业生产和经济的发展都起到了至关重要的作用。

近几年来，随着工业领域新材料、新产品的不断出现，工业防腐剂的品种也日益增加。现今防腐剂已广泛应用于工业领域的各行各业，例如食品、化妆品、涂料、黏合剂、皮革、造纸和木材等。

工业防腐剂应用在各个领域的工业生产中。一般来讲，理想的工业防腐剂应具有如下特点：①抑菌谱广，抗菌效力强；②与产品的配伍性好，不影响产品的其他性能；③性能稳定，残效期长；④使用方便，价格适宜，材料来源广；⑤对人、畜安全，毒性低，对环境污染小。

实际上，任何一种防腐剂都不可能满足上述全部条件，应根据具体使用对象不同而有目的地选择防腐剂。

为了满足市场的需求，我们组织编写了《实用工业防腐剂配方与制备200例》，书中收集了200种防腐剂制备实例，详细介绍了产品的特性、用途与用法、配方和制法，旨在为防腐剂工业的发展尽点微薄之力。

需要请读者们注意的是，我们没有也不可能对每个配方进行逐一验证，本书所列配方仅供参考。读者在参考本书进行试验时，应根据自己的实际情况本着先小试后中试再放大的原则，小试产品合格后才能往下一步走，以免造成不必要的损失。

本书由李东光主编，参加编写的还有翟怀凤、李桂芝、吴宪民、吴慧芳、邢胜利、蒋永波、李嘉等。由于我们水平有限，书中疏漏之处在所难免，敬请广大读者提出宝贵意见。

编者
2021年12月

目录

2 混凝土防腐剂 ················· 033

1 化妆品防腐剂

配方 1 苯氧乙醇基防腐剂

原料配比

原料	配比(质量份)					原料	配比(质量份)				
	1#	2#	3#	4#	5#		1#	2#	3#	4#	5#
苯氧乙醇	20	30	24	22	25	尼泊金丙酯	8	15	10	9	12
尼泊金甲酯	40	50	47	46	48	尼泊金丁酯	8	15	11	10	12
尼泊金乙酯	5	15	10	9	12	溶剂	40	60	48	45	50

制备方法

(1) 将苯氧乙醇溶于溶剂中制得苯氧乙醇溶液;所述苯氧乙醇与溶剂通过搅拌的方式进行混合,搅拌速率为2000～3000r/min,搅拌时间为3～5h。

(2) 将尼泊金甲酯(对羟基苯甲酸甲酯)、尼泊金乙酯(对羟基苯甲酸乙酯)、尼泊金丙酯(对羟基苯甲酸丙酯)和尼泊金丁酯(对羟基苯甲酸丁酯)添加至所述苯氧乙醇溶液中制得所述苯氧乙醇基防腐剂;尼泊金酯通过超声震荡的方式溶于所述苯氧乙醇溶液中,所述超声震荡满足以下条件:超声频率为60～80kHz,震荡时间为1～2h。所述尼泊金酯(对羟基苯甲酸酯)的投料顺序依次为尼泊金甲酯、尼泊金丙酯、尼泊金乙酯和尼泊金丁酯。

原料介绍 所述溶剂为丙二醇或1,3-丁二醇。

产品特性 本品通过各组分的协同作用使制得的防腐剂具有优异的抗菌效果且对皮肤温和,能够胜任护肤品抗菌剂,同时该制备方法具有工序简单和原料易得的特点。

配方 2 眼膜用防腐剂

原料配比

原料	配比(质量份)				
	1#	2#	3#	4#	5#
巴西苏木素	2	0.4	1.5	0.2	2.5
菊苣倍半萜内酯类化合物	0.1	2	1	0.3	1.8
高良姜素	2	2.3	1.2	0.2	0.5
丁二醇	3.3	2.5	3	3.6	2.7
甘油	3.7	4.3	4	3.2	4.51
丙二醇	3.9	1.5	3.1	4.7	2.3

原料	配比（质量份）				
	1#	2#	3#	4#	5#
聚甘油-10	1.2	3.4	2.4	3	1.8
海藻糖	0.75	1.05	0.9	1.2	0.6
水解胶原蛋白	0.8	0.4	0.7	0.6	1
积雪草提取物	0.08	0.04	0.07	0.08	0.06
黄芩提取物	0.01	0.04	0.03	0.05	0.02
珍珠提取物	0.02	0.01	0.03	0.04	0.05
透明质酸钠	0.2	0.5	0.35	0.6	0.1
甘油丙烯酸酯/丙烯酸共聚物	0.3	0.2	0.45	0.6	0.7
卡波姆	0.25	0.1	0.18	0.22	0.14
去离子水	81.39	81.26	81.09	81.41	81.23

制备方法　将各组分原料混合均匀即可。

原料介绍　所述的巴西苏木素的制备方法如下：称取巴西苏木药材，洗净，干燥，粉碎，得巴西苏木药材粉末；按照料液比 1∶15 加入 95%（体积分数，余同）的乙醇，加热回流提取，回收溶剂得到巴西苏木粗提取物，过滤，将滤渣重复提取 2 次；然后加入乙酸乙酯进行萃取，重结晶后，得巴西苏木素。

所述的菊苣倍半萜内酯类化合物的制备方法如下：称取菊苣，干燥后，按照料液比 1∶15 加入 85% 的乙醇，重复提取三次，合并滤液，减压浓缩，加入 2 倍量的水混悬；然后用乙酸乙酯进行萃取，减压浓缩各萃取液；经硅胶柱层析，洗脱后得菊苣倍半萜内酯类化合物。

所述的高良姜素的制备方法为：称取高良姜，干燥，粉碎成 80 目，按照料液比 1∶10 加入 95% 乙醇回流 2 次，每次 1.5h，合并 2 次滤液，置于旋转蒸发仪中浓缩；用 2 倍量的石油醚进行脱脂，再加入 2 倍量的氯仿萃取 2 次，合并 2 次氯仿萃取液；氯仿液减压浓缩至浸膏，上处理过的聚酰胺柱，依次用水、20% 乙醇、40% 乙醇冲柱，然后再依次用 50% 乙醇、60% 乙醇冲柱，收集 50% 馏分；将 50% 馏分减压浓缩，冷却过夜，析出沉淀，过滤，重结晶，得高良姜素。

产品特性　本品原料都来源于天然植物，富含的多种功效成分互相调和、协同增效，使产品具有显著的防腐效果。本品可以作为化妆品防腐剂应用于眼膜，完全替代化学合成防腐剂，提高产品安全性，无刺激、不过敏、无毒副作用，同时不会影响化妆品的稳定性。

配方 3　天然防腐剂

原料配比

原料	配比（质量份）				
	1#	2#	3#	4#	5#
五味子提取物	1	8	5	3	10
鱼腥草挥发油	6	9	4	2	1
鸡骨草醇提物	4	10	5	8	2

制备方法 将各组分原料混合均匀即可。

原料介绍 所述的五味子提取物的制备方法为：称取五味子，洗净，干燥；按照料液比1∶20加入95%的乙醇，在70～95℃下提取1～1.5h，过滤，重复该步骤，将滤渣重复提取两次，合并滤液，浓缩，干燥即得五味子提取物。

所述的鱼腥草挥发油的制备方法如下：将鱼腥草洗净、干燥、粉碎后，按料液比1∶20加入蒸馏水浸泡3～5h后，加热回流提取，得到鱼腥草挥发油。

所述的鸡骨草醇提物的制备方法如下：取新鲜的鸡骨草，烘干，粉碎成粉末，加入10倍量的95%乙醇，超声提取1～2h，抽滤，滤渣再加5～8倍的95%乙醇，超声提取1h，抽滤，合并两次滤液，减压回收乙醇至滤液的1/4，得鸡骨草醇提物。

产品应用 本品是一种用于祛痘霜的防腐剂，祛痘霜的配方如下。

原料	配比（质量份）				
	1#	2#	3#	4#	5#
防腐剂	1.1	2.7	1.4	1.3	1.3
丙二醇	3.7	4.7	5.8	8	6.9
鲸蜡硬脂醇	11.2	12	10.3	8.5	9.4
甘油硬脂酸酯	3.6	5.5	7.6	9.6	10
丁二醇	4.6	4	3.4	3	2.3
角鲨烷	7	6	5.5	4	2.5
聚二甲基硅氧烷	4.3	1.5	3.5	4	2.5
异十六烷	4	2.5	3.5	2.1	4.5
卡波姆	0.03	0.02	0.01	0.02	0.03
黄原胶	0.05	0.12	0.7	0.03	0.09
薄荷醇	0.01	0.05	0.03	0.04	0.02
苦参提取物	0.05	0.02	0.04	0.06	0.03
忍冬花提取物	0.07	0.03	0.05	0.04	0.08
尿囊素	1.5	2.5	1.7	1	2
EDTA二钠	0.03	0.011	0.05	0.07	0.08
苯氧乙醇	0.1	0.09	0.07	0.06	0.05
乙基己基甘油	0.02	0.03	0.01	0.02	0.03
去离子水	加至100	加至100	加至100	加至100	加至100

产品特性

（1）本防腐剂所有原料都来源于天然植物，富含的多种功效成分互相调和、协同，使产品具有显著的防腐效果。本防腐剂可以作为化妆品防腐剂应用于制备化妆品产品，完全替代化学合成防腐剂，提高产品安全性，无刺激、不过敏、无毒副作用，同时不会影响化妆品的稳定性。

（2）本产品是一种安全、高效、经济的防腐剂，通过破坏真菌正常代谢抑制其生长，同时抑制其他微生物的生长和繁殖，对卡他球菌、溶血性链球菌、流感杆菌、肺炎双球菌和金黄色葡萄球菌有明显的抑制作用，对大肠杆菌、痢疾杆菌、伤寒杆菌及孢子丝菌等也有抑制作用，具有广谱抗菌作用。三种成分协同作用，有效发挥其强有力的抗菌、抑菌功效，从而起到全面、有效的防腐作用。

配方 4　高效复配防腐剂

原料配比

原料	配比(质量份)			原料	配比(质量份)		
	1#	2#	3#		1#	2#	3#
厚朴提取物	2	3	4	聚乙烯吡咯烷酮	8	12	15
黄连提取物	8	6	4	1,2-己二醇	12	18	25
抗坏血酸葡糖苷	1	1.2	1.5	去离子水	69	59.8	50.5

制备方法　取厚朴提取物、黄连提取物、1,2-己二醇、增溶剂混合，搅拌溶解，待提取物完全溶解后，再加入去离子水，搅拌均匀，降温至室温，加入抗坏血酸葡糖苷，过 0.45μm 滤膜，搅拌 10～15min 出料得到成品。

原料介绍　所述的增溶剂为 PEG-20 聚山梨醇酯、PEG-40 氢化蓖麻油、PEG-60 氢化蓖麻油或聚乙烯吡咯烷酮。

产品特性

(1) 本品具有高效防腐作用，同时具有刺激性低等优点。

(2) 本品是利用天然的植物活性成分制备得到的复配防腐剂，具有很好的广谱抗菌作用，且对化妆品中常见的两种真菌白色念珠菌、黑曲霉都具有很好的抑菌作用。

配方 5　复合防腐剂

原料配比

原料		配比(质量份)				
		1#	2#	3#	4#	5#
溶质		100	100	100	100	100
苯氧乙醇		100	100	100	100	100
溶质	对羟基苯甲酸甲酯	25	40	30	35	20
	对羟基苯甲酸乙酯	40	25	30	35	40
	对羟基苯甲酸丙酯	20	20	20	15	20
	对羟基苯甲酸丁酯	15	15	20	15	20

制备方法　称取各组分，加入溶剂中，搅拌溶解即可。

产品应用　所述的复合防腐剂占护肤品总质量的 0.5%。

产品特性

(1) 本品能够在广泛的 pH 值范围内对细菌和霉菌显示出最佳的抑制效果，有效防止护肤品出现变质、染菌等现象。

(2) 本品提供的技术方案具有混合物的增效作用，与单个对羟基苯甲酸酯化合物相比，在低浓度时仍具有很好的抑菌效果，特别是对含天然有机物成分如蛋白质而难以防腐的个人护理产品。

（3）对羟基苯甲酸酯存在于自然界植物和动物中，在环境中可生物降解，符合环保要求。

配方6　复合天然防腐剂

原料配比

原料	配比（质量份）	原料	配比（质量份）
花椒果实提取物	35	头翁提取物	25
青苔提取物	25	辛甘醇	15

制备方法　将各组分混合，搅拌至完全透明、均一即可。

产品应用　使用方法：加入护肤品中作防腐剂用，在50℃以下加入。

产品特性

（1）本品采用天然植物提取物与辛甘醇复配，具有良好的防腐能力，同时对皮肤没有刺激性，从而降低了产品的过敏率，还具有保湿、消炎、祛痘等辅助作用。

（2）本品是一种液体产品，可以任意浓度添加到护肤产品中。添加了复合天然防腐剂的产品比添加传统防腐剂的产品过敏率明显降低。

配方7　复配液体防腐剂

原料配比

原料	配比（质量份）			原料	配比（质量份）		
	1#	2#	3#		1#	2#	3#
重氮咪唑烷基脲	1.1	1.5	1.3	丙二醇	1.0	1.8	1.5
碘代丙炔基氨基甲酸丁酯	0.6	0.9	0.8	丙酸钠	0.6	1.2	0.9

制备方法　将各组分原料混合均匀即可。

产品特性　本品各种物质具有很好的协同作用，具有很好的防腐效果，可增加溶解度，抗菌性能优异，用量少，毒性小。

配方8　广谱抗菌化妆品防腐剂

原料配比

原料	配比（质量份）			
	1#	2#	3#	4#
辛酰羟肟酸	10	8	12	8
苯乙醇	40	45	38	38
甲基丙二醇	50	47	50	54

制备方法　将各组分原料混合均匀即可。防腐剂的pH值使用范围为2～8。

产品应用　本品在化妆品中添加量（后续提到添加量或用量，皆指质量分数）为 0.7%～1.2%。

产品特性

(1) 本品具有广谱抗菌活性，能有效抑制革兰氏阴性菌、革兰氏阳性菌、酵母菌及霉菌。

(2) 不含传统防腐剂和杀菌剂，用于化妆品中可完全支持"无添加防腐剂"概念的复配体系，刺激性低，安全性高。

(3) 与绝大多数化妆品原料的兼容性很好；其抑菌能力不受化妆品中表面活性剂、蛋白质及草药添加剂的影响。

配方 9 广谱型化妆品防腐剂

原料配比

原料		配比（质量份）				
		1#	2#	3#	4#	5#
苯氧乙醇		20	30	22	21	23
苯甲酸		25	35	31	30	33
脱氢乙酸		40	50	47	45	48
溶剂	丙二醇	65	—	70	68	72
	1,3-丁二醇	—	75	—	—	—

制备方法

(1) 将苯氧乙醇溶于溶剂中制得苯氧乙醇溶液；苯氧乙醇与溶剂通过搅拌的方式进行混合，搅拌速率为 2000～3000r/min，搅拌时间为 3～5h。

(2) 将苯甲酸、脱氢乙酸添加至苯氧乙醇溶液中制得广谱型化妆品防腐剂；苯甲酸，脱氢乙酸通过超声震荡的方式溶于苯氧乙醇溶液中，超声震荡满足以下条件：超声频率为 60～80kHz，震荡时间为 1～2h。所述的投料顺序依次为苯甲酸、脱氢乙酸。

产品特性 本品具有优异的抗菌效果且对皮肤温和、无刺激，原料易得、便于实施、工序简单。

配方 10 含肉桂的防腐剂

原料配比

原料	配比（质量份）				原料	配比（质量份）			
	1#	2#	3#	4#		1#	2#	3#	4#
肉桂	60	50	70	40	苦参	—	—	10	5
迷迭香	30	20	10	15	五倍子	—	—	—	20
丹参	10	10	10	10	决明子	—	—	—	5
藿香	—	10	—	20	板蓝根	—	—	—	6
野菊花	—	10	—	8	蒸馏水	适量	适量	适量	适量

制备方法 将各原料分别用中药粉碎机粉碎，过 100 目筛备用；按配方量分

别称取各原料的粉末，混合均匀后按 1：（10～30）的质量比加入水进行水蒸气蒸馏，提取 120～240min 得到的挥发油，精制后包装，得到防腐剂。在蒸馏之前原料粉末混合物用水浸提，浸提时间为 1～3h，浸提温度为 50～90℃，料液比为 1：（10～20）。

产品应用 本品主要在膏霜生产中用作防腐剂，添加量为 0.1％～0.3％。

产品特性

（1）该防腐剂通过充分发挥组分之间的协同、增效作用，大大提高了防腐剂的抑菌效果，抑菌谱广，防腐效果好，成分源自天然，应用于化妆品中温和、安全、无刺激，制备简单、生产成本低。

（2）本品无毒副作用，避免了化学合成防腐剂对人体的潜在风险；该防腐剂对化妆品中常见的霉菌、大肠杆菌、金黄色葡萄球菌、白色念珠菌、铜绿假单胞菌（绿脓杆菌）等均具有较好的抑制和杀灭作用，广谱、高效，尤其是应用到膏霜类产品中能达到 1～2 年的保质期，抑菌、防腐效果好。本品有很好的油溶性和稳定性，既能有效抑制膏霜类产品中的微生物，又具有较好的抗氧化效果。

配方 11 含有连翘的防腐剂

原料配比

原料	配比（质量份）			原料	配比（质量份）		
	1#	2#	3#		1#	2#	3#
连翘提取物	3	5	7	1,2-己二醇	35	28.5	21.4
苦参碱	0.5	0.3	0.6	抗坏血酸葡糖苷	1.5	1.2	1
竹子水	60	65	70				

制备方法 按配方量取连翘提取物、苦参碱，加入配方量的 1,2-己二醇中溶解，待其完全溶解后加入配方量的竹子水，搅拌均匀，加入配方量的抗坏血酸葡糖苷，搅拌均匀，过 0.45μm 滤膜，取过滤液得成品。

原料介绍 所述的连翘提取物中连翘苷的纯度为 4％～6％。

所述的苦参碱的纯度为 90％～97％。

1,2-己二醇是增效剂。

所述的竹子水采用低温低压提取设备进行制备。

产品特性

（1）本品对化妆品中常见的 5 种微生物就有很好的防腐作用，可作为天然护肤产品及去屑产品的配方成分。

（2）本品是利用天然的植物活性成分制备得到的一种复配防腐剂，具有很好的广谱抗菌作用，且组合复配得到的复配防腐剂比单一成分的防腐能力强；本复配防腐剂可用于水剂配方中。

配方 12 护肤品用防腐剂

原料配比

原料		配比(质量份)			
		1#	2#	3#	4#
布罗波尔		1	3	2	3
对羟基苯甲酸甲酯		4	8	6	4
苯并异噻唑啉酮		0.1	0.5	0.3	0.5
植物防腐成分		1	3	2	1
植物防腐成分	厚朴	1	6	4	1
	丁香	3	5	4	5
	茶叶	1	3	2	1
	橙皮	3	6	5	6
	金缕梅	3	6	5	6
	玫瑰	1	6	3	6
	乙醇	适量	适量	适量	适量

制备方法　将各组分原料混合均匀即可。

原料介绍　所述植物防腐成分按如下方法制得：将厚朴、丁香、茶叶、橙皮、金缕梅和玫瑰混合粉碎，加入乙醇回流提取，提取液减压浓缩至相对密度为1.1～1.3的浸膏，喷雾干燥，即得。

产品应用　该防腐剂在护肤品中的添加量为 0.1%～0.15%，其 pH 值适用范围为 2～8。

产品特性

(1) 本品与大多数护肤品原料的兼容性良好，其抑菌能力不受护肤品中表面活性剂、蛋白质及草药添加剂的影响，且安全性高，刺激性低。

(2) 不含有传统甲醛释放体，也不含有高刺激性的卤素成分，性质温和，且具有较好的防腐功能。

(3) 本品将化学防腐成分与植物防腐成分复配，能大大增强防腐剂的广谱抗菌活性，能有效抑制革兰氏阴性菌、革兰氏阳性菌、酵母菌及霉菌等。

(4) 本品防腐效果好，可大大减少在护肤品中的添加量，进一步节省生产成本。

配方 13 护肤品用植物防腐剂

原料配比

原料	配比(质量份)				原料	配比(质量份)			
	1#	2#	3#	4#		1#	2#	3#	4#
桂皮	3	8	5	3	菊花	1	3	2	1
玫瑰	3	6	4	6	金钱草	1	3	2	3
风信子	1	8	3	1	金银花	1	5	3	1
紫苏	1	6	2	6	乌梅	1	3	2	3
甘草	3	6	4	3	60%～90%乙醇	适量	适量	适量	适量
花椒	3	6	5	6					

制备方法 将配方量的各组分混合粉碎，加入 60%～90% 的乙醇回流提取 0.5～3h，提取液减压浓缩至相对密度为 1.1～1.3 的浸膏，喷雾干燥，即得。

产品应用 本品在护肤品中的添加量为 0.1%～0.15%，其 pH 值适用范围为 2～8。

产品特性

(1) 本品与大多数护肤品原料的兼容性良好，其抑菌能力不受护肤品中表面活性剂、蛋白质及草药添加剂的影响。

(2) 本产品不含甲醛释放体及高刺激性的有机卤素成分，安全性高，刺激性低。

(3) 本品防腐效果好，可大大减少在护肤品中的添加量，进一步节省生产成本。

(4) 本品没有花椒刺激性的辛辣味道，较清爽，很适合添加在护肤品中。

配方 14 化妆品新型生物防腐剂

原料配比

原料	配比(质量份)	原料	配比(质量份)
葡萄柚种子提取物	0.4	ε-聚赖氨酸	0.3
壳聚糖	2.5	去离子水	加至100

制备方法

(1) 按质量比例，选取 0.05%～10% 的壳聚糖、0.05%～8% 的 ε-聚赖氨酸、0.02%～10% 葡萄柚种子提取物、10%～15% 去离子水；

(2) 将上述四种成分在混合釜中充分混合，得生物防腐剂原液；

(3) 在上述步骤（2）中所得的生物防腐剂原液中添加柠檬酸，使其 pH 值为 6.8～7.2。

(4) 再在上述步骤（3）中所得到的液体中加入余下的去离子水，得到所述生物防腐剂。

原料介绍 所述葡萄柚种子提取物通过一般超临界 CO_2 萃取装置，采用超临界 CO_2 萃取法获取，步骤如下：

(1) 将葡萄柚种子粉碎过 60 目筛，烘干至水分含量为 10%；

(2) 将超临界 CO_2 萃取装置的萃取压力设置为 15MPa，温度为 38℃，流量为 20～30kg/h；

(3) 进行一级分离，分离温度 45℃，分离压力 35～40MPa；

(4) 进行二级分离，分离温度 35℃，分离压力 30～35MPa；

(5) 萃取 60min，收集萃取液，即得葡萄柚种子提取物。

所述壳聚糖最佳比例为 2.5%；所述柠檬酸用于调节所述生物防腐剂的 pH 值，使生物防腐剂 pH 值最终在 6.8～7.2。

产品应用 本品主要用在面膜中：

（1）按质量比，上述生物防腐剂在面膜配方中的比例为50％。

（2）按面膜配方先将除生物防腐剂成分外的其他成分按工艺配制好。

（3）在200r/min、40℃下，在步骤（2）的配方成分中缓慢、连续加入生物防腐剂。

（4）充分搅拌后静置30min。

（5）灌装、包装。

产品特性

（1）本品无色无味，无使用禁区；120℃时仍然具有很好的抗菌作用；与天然药物可良好兼容；具有生物可降解性等特点。

（2）本品杀菌谱广，可杀灭大肠杆菌、葡萄球菌、白色念珠菌等；来源天然，无毒副作用，具有天然保湿等功效，不仅可以作为化妆品中的安全防腐剂，而且可以起到保湿作用。

配方 15 化妆品中药防腐剂

原料配比

原料	配比（质量份）			原料	配比（质量份）		
	1#	2#	3#		1#	2#	3#
白芷	30	33	35	肉桂	65	68	70
白及	45	48	50	水	400（体积份）	450（体积份）	500（体积份）
芥子	60	63	65	无水乙醇	90（体积份）	95（体积份）	100（体积份）
丁香	45	48	50	抗坏血酸	30	33	35

制备方法

（1）取30～35g白芷、45～50g白及、60～65g芥子、45～50g丁香和65～70g肉桂放入湿式球磨机中，转速设定为38r/min，研磨成70～100目粉末；

（2）将上述所得的粉末放入容器中，加入400～500mL水，加热，加热温度设定为90～100℃，待溶液沸腾时，降温至40～50℃，保温2～3h，然后过滤；

（3）将步骤（2）中的滤液放入容器中，加入90～100mL无水乙醇，在20kHz、200W超声波辅助下，提取30min，得到提取液；

（4）将提取液放入真空浓缩罐中，浓缩至原药浓度为1.0～1.3g/mL；

（5）将浓缩液放入喷雾干燥器中进行干燥，进风温度为130～140℃，出风温度为80～90℃，干燥10～15min；

（6）向干燥后的成分中加入30～35g抗坏血酸，搅拌均匀，冷却至28～35℃，即可。

产品特性

（1）本防腐剂原料取自纯天然物质，不含化学成分，对皮肤没有刺激性，安全性高。

（2）本防腐剂无副作用，防腐效果明显。

配方 16　化妆品天然防腐剂

原料配比

原料	配比（质量份）			原料	配比（质量份）		
	1#	2#	3#		1#	2#	3#
薰衣草	5	1	3	黄芩提取物	9	6	7
金盏花	4	1	2	芙蓉花提取物	20	15	16
芍药根	3	1	2	橄榄叶提取物	60	50	55
迷迭香	5	3	4				

制备方法　将各组分原料混合均匀即可。

产品特性　本品能抑制革兰氏阳性菌、革兰氏阴性菌、酵母菌及霉菌，具有较宽的抗菌谱，能有效延长化妆品的使用期限，对人体安全无毒，还具有抗氧化、美白和消炎等优点。

配方 17　温和型化妆品防腐剂

原料配比

原料	配比（质量份）					原料	配比（质量份）				
	1#	2#	3#	4#	5#		1#	2#	3#	4#	5#
苯氧乙醇	40	60	48	45	50	尼泊金丙酯	8	15	11	10	12
尼泊金甲酯	20	30	27	25	28	溶剂	70	80	75	70	80
尼泊金乙酯	35	45	42	40	44						

制备方法

（1）将苯氧乙醇溶于溶剂中制得苯氧乙醇溶液；苯氧乙醇与溶剂通过搅拌的方式进行混合，搅拌速率为 2000～3000r/min，搅拌时间为 3～5h。

（2）将尼泊金甲酯、尼泊金乙酯、尼泊金丙酯添加至苯氧乙醇溶液中制得化妆品防腐剂；尼泊金酯通过超声震荡的方式溶于苯氧乙醇溶液中，超声震荡满足以下条件：超声频率为 60～80kHz，震荡时间为 1～2h。

原料介绍　所述的溶剂为丙二醇和/或 1,3-丁二醇。

产品特性　本品通过各组分的协同作用使制得的防腐剂具有优异的抗菌效果且对皮肤温和，能够胜任护肤品抗菌剂，同时该制备方法具有工序简单和原料易得的特点。

配方 18　化妆品用防腐剂

原料配比

原料	配比（质量份）				原料	配比（质量份）			
	1#	2#	3#	4#		1#	2#	3#	4#
布罗波尔	1	1	1	1	苯氧乙醇	2	10	7	2
对羟基苯甲酸甲酯	4	8	5	8	苯并异噻唑啉酮	0.1	0.5	0.35	0.5

制备方法 将各组分原料混合均匀即可。

产品应用 本品在化妆品中的添加量为 0.6%～1.2%，其 pH 值适用范围为 2～8。

产品特性

(1) 本品具有广谱抗菌活性，能有效抑制革兰氏阴性菌、革兰氏阳性菌、酵母菌及霉菌。

(2) 与绝大多数化妆品原料兼容性良好，其抑菌能力不受化妆品中表面活性剂、蛋白质及草药添加剂的影响。

(3) 本产品不含甲醇释放体及高刺激性的有机卤素成分，安全性高，刺激性低。

配方 19 化妆品用液体防腐剂

原料配比

原料	配比（质量份）			
	1#	2#	3#	4#
纳他霉素	0.04	0.08	0.06	0.08
尼泊金甲酯钠	0.03	1	0.03	0.04
甲基苯二醇	1	2	1	1.5
乙酸	0.5	—	1	—
柠檬酸	—	2	—	0.5
水	加至100	加至100	加至100	加至100

制备方法 按照配比将纳他霉素、尼泊金甲酯钠和甲基苯二醇加入水中搅拌，再加入乙酸或柠檬酸搅拌，即得所述化妆品用防腐剂。防腐剂的 pH 值为 3.5～5。

所述水可以是自来水、去矿质水、蒸馏水，可以适当加热成温水，有助于组分溶解。

产品特性

(1) 该防腐剂中纳他霉素与尼泊金甲酯钠具有协同、增效作用，提高了抑菌、防腐能力，较低添加量即可达到优异抑菌效果，提高了化妆品的使用安全性，且对皮肤温和，能够胜任护肤品抗菌剂，该制备方法工序简单、原料易得。

(2) 本品中各组分均为无毒、安全性较高的添加剂，性质温和，不会刺激皮肤。

配方 20 化妆品用防腐剂组合物

原料配比

原料	配比（质量份）					
	1#	2#	3#	4#	5#	6#
1,2-己二醇	69	64	59	57	56.1	56.7

原料	配比(质量份)					
	1#	2#	3#	4#	5#	6#
辛二醇	25	30	35	33	33	33
丁二醇	5	5	5	5	5	5
戊二醇	—	—	—	1	1	1
乙基己基丙三醇	—	—	—	3	3	3
路易波士萃取物	0.5	0.5	0.5	0.5	0.5	0.5
甘草萃取物	0.5	0.5	0.5	0.5	0.5	0.5
没药萃取物	—	—	—	—	0.3	0.1
紫苏叶萃取物	—	—	—	—	0.3	0.1
丝兰萃取物	—	—	—	—	0.3	0.1

制备方法　将各组分原料混合均匀即可。

产品特性　本品不仅能防止化妆品的酸败，而且没有有害性和毒性，因此对皮肤没有刺激性，能够制造保湿力优异的化妆品。

配方 21　化妆品用复配液体防腐剂

原料配比

原料	配比(质量份)		
	1#	2#	3#
重氮咪唑烷基脲	1.2	1.5	1.4
对羟基苯甲酸甲酯	1.3	0.8	1.2
对羟基苯甲酸丙酯	0.5	0.2	0.4
丙二醇	0.8	1.3	1.1
丙酸钠	0.5	0.8	0.7

制备方法　将各组分原料混合均匀即可。

产品特性　本品各种物质具有很好的协同作用，具有很好的防腐效果，可增加溶解度，抗菌性能优异，适合推广使用。

配方 22　化妆品用高效生物防腐剂

原料配比

原料	配比(质量份)			
	1#	2#	3#	4#
纳他霉素	2.5~2.8	2.5	2	3
度米芬	6.5~7.5	7.5	8	7
麝香草酚	2.5~4.5	3~4	3.5	4
柠檬酸	9~15	1~14	12~13	12.5
麦芽糊精	3.5~8.5	4~8	5~6	5.5

制备方法　将各组分原料混合均匀即可。

产品特性　本品防腐效果好，且无刺激、无毒副作用，具有生物可降解性等特点。

配方 23　化妆品用生物复合防腐剂

原料配比

原料	配比（质量份）		
	1#	2#	3#
飞扬草提取液	20	35	50
芦荟提取液	20	25	30
羧甲基壳聚糖	5	7	10
氧化锌	2	5	8
维生素 C	5	7	8
反渗透纯净水	加至 100	加至 100	加至 100

制备方法

(1) 向 40～50℃的纯净水中加入配比量的飞扬草提取液、芦荟提取液、维生素 C，搅拌均匀后得混合液 A。

(2) 向混合液 A 中加入配比量的羧甲基壳聚糖及氧化锌，搅拌混合均匀，得到所述的化妆品生物复合防腐剂。混合时间为 15～20min。

产品特性　本品含有多种植物抗菌成分以及海洋生物抗菌成分，具有高效的抗菌、防腐性能。各组分均对皮肤无毒、无刺激、无腐蚀性，并且还能提高化妆品的护肤性能。

配方 24　基于尼泊金酯的化妆品防腐剂

原料配比

原料		配比（质量份）				
		1#	2#	3#	4#	5#
苯氧乙醇		35	45	40	38	42
尼泊金甲酯		25	33	29	28	30
尼泊金乙酯		20	30	26	25	28
溶剂	丙二醇	50	—	57	55	58
	1,3-丁二醇	—	60	—	—	—

制备方法

(1) 将苯氧乙醇溶于溶剂中制得苯氧乙醇溶液；所述苯氧乙醇与溶剂通过搅拌的方式进行混合，搅拌速率为 2000～3000r/min，搅拌时间为 3～5h。

(2) 将尼泊金甲酯、尼泊金乙酯添加至所述苯氧乙醇溶液中制得所述基于尼泊金酯的化妆品防腐剂；尼泊金酯通过超声震荡的方式溶于所述苯氧乙醇溶液中，所述超声振荡满足以下条件：超声频率为 60～80kHz，震荡时间为 1～2h。尼泊金酯的投料顺序依次为尼泊金甲酯、尼泊金乙酯。

产品特性　本品通过各组分的协同作用使制得的防腐剂具有优异的抗菌效果且对皮肤温和，能够胜任护肤品抗菌剂，同时该制备方法具有工序简单和原料易得的特点。

配方 25　基于天然植物成分的化妆品防腐剂

原料配比

原料		配比(质量份)				
		1#	2#	3#	4#	5#
山苍子精油		20	26	25	22	30
白花蛇舌草提取液		15	10	10	10	10
二元醇混合液		65	64	65	68	60
二元醇混合液	1,2-戊二醇	2	2.5	3.5	3	4
	1,2-己二醇	1	1	1	1	1

制备方法　将各组分原料混合均匀即可。

原料介绍　所述山苍子精油由如下方法制备而成：

（1）将山苍子鲜果进行破壁处理1～2min，得到山苍子鲜果的浆料；

（2）将步骤（1）所得的浆料与蒸馏水按质量比1：（2～5）混合，在120～130℃的油浴中采用水蒸气蒸馏法蒸馏2～3h，收集上层油相，即得到山苍子精油。

所述白花蛇舌草提取液由如下方法制备而成：

（1）将白花蛇舌草全株经过洗净、烘干、粉碎处理，用40～60目筛过筛后得到白花蛇舌草粉末。

（2）将步骤（1）所得的白花蛇舌草粉末与二元醇混合液按质量比1：（4～5）混合，在90～100℃的条件下振荡提取1～2h，再用100～200目筛趁热过滤，得到滤液。其中二元醇混合液由1,2-戊二醇与1,2-己二醇按质量比为（2～4）：1混合而成。

（3）将步骤（2）所得的滤液冷却至室温后在4000～4500r/min下离心20～30min，取上清液经过活性炭脱色处理，即得白花蛇舌草提取液。

产品应用　所述基于天然植物成分的化妆品防腐剂添加于化妆品中，其用量为1%～3%。

所述基于天然植物成分的化妆品防腐剂应用在洁面膏中，所述洁面膏由以下质量份的原料组成：硬脂酸10.0～14.0份、肉豆蔻酸12.0～16.0份、月桂酸3.0～7.0份、霍霍巴油2.0～4.0份、山梨醇13.0～17.0份、甘油8.0～13.0份、1,3-丁二醇8.0～12.0份、PEG-20硬脂酸酯1.0～3.0份、N-酰基-N-甲基牛磺酸钠3.0～6.0份、EDTA二钠0.15～0.3份、氢氧化钾4.0～6.9份以及基于天然植物成分的化妆品防腐剂2.0～3.0份，余量为水，各原料的质量份之和为100。

所述基于天然植物成分的化妆品防腐剂应用在护肤霜中，所述护肤霜由以下质量份的原料组成：米糠油2.0～6.0份、霍霍巴油2.0～4.0份、十六醇1.0～2.0份、单硬脂酸甘油酯0.8～1.5份、甘油4.0～7.0份、1,2-丙二醇4.0～7.0

份、硬脂酸钠 1.0～1.5 份、鲸蜡硬脂醇戊糖苷 0.4～1.0 份以及基于天然植物成分的化妆品防腐剂 1.0～3.0 份，余量为水，各原料的质量份之和为 100。

产品特性

(1) 本品是一种安全性高、抗菌谱广、防腐效果优良的复合型防腐剂，可替代传统的化学合成防腐剂，降低化学合成防腐剂潜在的安全风险。

(2) 本品采用的 1,2-戊二醇和 1,2-己二醇具有优异的保湿效果，作为安全、温和的保湿剂在化妆品中大量使用，同时二者还表现出广谱的抗菌作用。本品中，1,2-戊二醇、1,2-己二醇与山苍子精油和白花蛇舌草提取液复配使用，协同增效，抑菌效果显著。

配方 26　具有抗痘功能的防腐剂组合物

原料配比

原料		配比(质量份)										
		1#	2#	3#	4#	5#	6#	7#	8#	9#	10#	11#
植物提取物	苦参提取物	—	3	3	—	—	—	—	20	—	—	—
	百部提取物	—	—	5	—	—	—	2	—	8	—	—
	紫草提取物	—	—	5	—	—	—	5	10	—	—	—
	丹参提取物	—	7	—	—	20	—	10	—	—	—	—
	金银花提取物	—	—	—	—	—	—	—	—	—	—	3
协同增效剂	1,2-辛二醇	—	—	20	—	—	—	—	—	40	—	—
	乙基己基甘油	—	—	10	—	3	—	—	15	—	15	—
	1,2-己二醇	—	—	—	—	5	—	—	15	—	—	—
	苯乙醇	—	—	—	—	—	—	15	—	—	—	—
	1,2-戊二醇	—	—	—	—	2	—	—	—	—	—	—
	1,2-癸二醇	—	—	—	—	—	—	5	—	—	25	—
	1,2-丁二醇	—	—	—	—	—	—	—	—	30	—	—
防腐剂	布罗波尔	5	—	5	—	—	—	—	—	—	3	—
	尼泊金甲酯	5	—	5	4	—	5	—	—	—	—	—
	尼泊金丙酯	3	5	3	—	8	—	—	—	—	—	—
	尼泊金乙酯	—	—	—	—	—	2	3	—	—	—	—
	DMDMH(乙内酰脲)	—	30	—	—	—	30	—	—	—	—	10
	苯氧乙醇	—	—	—	15	15	—	10	8	—	—	—
	三氯生	—	—	—	10	—	—	10	—	—	—	—
	IPBC(碘丙炔醇丁基氨甲酸酯)	—	—	—	—	—	—	—	2	—	2	2
	PHMB(聚六亚甲基双胍盐酸盐)	—	—	—	—	—	—	—	8	—	—	—
	氯苯甘醚	—	—	—	—	—	—	—	3	—	—	—
	MIT(甲基异噻唑啉酮)	—	—	—	—	—	—	—	—	—	—	2
溶剂	1,2-丙二醇	60	47	44	50	47	63	20	30	11	55	23
	聚乙二醇	27	—	—	21	—	—	—	20	—	—	—
	水	—	8	—	—	—	—	—	—	—	—	60

制备方法　将植物提取物、防腐剂和溶剂加入容器中搅拌，再加入协同增效剂，搅拌至全溶后即得该防腐剂。或继续过滤，分装。

产品应用 本品主要用于个人护理品、功效化妆品、药妆等产品中的微生物防腐杀菌。

产品特性 本品在较低的添加量（0.1%～0.5%）下，即对细菌、真菌具有很好的抑制作用。产品对人体无害、适用性广、使用量小、成本低，所使用的协同增效剂及溶剂为醇类，四者协同增效，特别是对痤疮丙酸杆菌及表皮葡萄球菌具有很好的抑制效果，显著降低了传统化学型防腐剂用量，既祛痘，又防腐，提高了该组合物的使用安全性、减小了刺激性。

配方 27　全效无醛杀菌防腐剂

原料配比

原料	配比（质量份）	原料	配比（质量份）
异噻唑啉-3-酮	10	十二烷基苯甲基二甲基氯化铵	5
丙二醇	15	纯净水	60
苯酸乙醇	10		

制备方法 将各组分原料混合均匀即可。

产品特性

（1）本品抗菌谱宽，能抑制常规防腐剂难以抑制的假单胞菌，具有一定的空间保护和快速长效的杀菌、防腐功能，不含无机盐，适用范围宽。

（2）本品的主要成分为异噻唑啉-3-酮、丙二醇、苯酸乙醇等，是无色透明液体，具有极微的特征气味，加入0.1%～0.3%就可达到出色的防腐效果。绝大多数情况下单独使用，特殊情况下，可与尼泊金酯类防腐剂复合使用。50℃以下加入最佳，pH值的适用范围3～10。对细菌及真菌都有很好的杀灭和抑制作用。

配方 28　水溶性氨基酸复配防腐剂

原料配比

原料		配比（质量份）					
		1#	2#	3#	4#	5#	6#
甘氨酸盐	月桂基二亚乙二氨基甘氨酸	0.1	—	—	2	2.5	3
	月桂基二亚乙二氨基甘氨酸盐酸盐	—	1	—	—	—	—
	月桂基二亚乙二氨基甘氨酸钠	—	—	1.5	—	—	—
桃叶珊瑚苷		0.05	1	2	1.5	1.2	0.2
烷基甜菜碱	十二烷基二羟乙基甜菜碱	1	—	3	—	—	—
	十四烷基二甲基胺乙内酯	—	2	—	2.5	1.5	2
碱助剂	三异丙醇胺	0.01	—	—	—	—	—
	二异丙醇胺	—	0.3	—	—	—	—
	三乙醇胺	—	—	0.5	0.35	0.25	—
	氨甲基丙醇	—	—	—	—	—	0.25

原料		配比（质量份）					
		1#	2#	3#	4#	5#	6#
抗氧化剂	壳聚糖	2	—	—	—	—	—
	茶多酚	—	3	5	4	—	—
	绿原酸	—	—	—	—	4.5	4.5
去离子水		80	79	78	77	75	75

制备方法 将月桂基二亚乙二氨基甘氨酸或月桂基二亚乙二氨基甘氨酸盐、桃叶珊瑚苷、烷基甜菜碱、碱助剂、抗氧化剂溶于去离子水中，形成混合液，将上述混合液在均质温度为 20～40℃，工作压力为 0.5～2MPa 的条件下，均质 10～20min，得到水溶性氨基酸复配防腐剂。

产品应用 本品主要用于日化产品或保湿产品，也可用于湿巾浸液或湿巾的一种水溶性氨基酸复配防腐剂。

产品特性

（1）本品将月桂基二亚乙二氨基甘氨酸或月桂基二亚乙二氨基甘氨酸盐与具有天然抑菌效果的萜类桃叶珊瑚苷和烷基甜菜碱组成复配增效体系，不仅使月桂基二亚乙二氨基甘氨酸或月桂基二亚乙二氨基甘氨酸盐、桃叶珊瑚苷和烷基甜菜碱能充分发挥抗菌、防腐效果，实现了低浓度下月桂基二亚乙二氨基甘氨酸或月桂基二亚乙二氨基甘氨酸盐的抗菌广谱性，而且克服了萜类桃叶珊瑚苷化学性质不稳定的问题，对霉菌等抑菌效果可观，毒性低，水溶性好，效果持续长久，在日化领域的水性体系产品和保湿产品中具有很好的适配性。

（2）本品中的烷基甜菜碱在酸性及碱性条件下均具有优良的稳定性，配伍性良好，无毒，对皮肤刺激性低，生物降解性好，易溶于水，具有优良的增稠性、杀菌性、抗静电性，可用于杀灭包括结核杆菌在内的多种细菌。

配方 29　天然的化妆品防腐剂组合物

原料配比

原料	配比（质量份）				
	1#	2#	3#	4#	5#
乳酸菌发酵提取物	1	3	1.5	2.5	2
稻糠提取物	1	2	1.2	1.8	1.5
牡丹根皮提取物	0.5	1	0.6	0.8	0.7
去离子水	适量	适量	适量	适量	适量

制备方法

（1）向乳酸菌发酵提取物中加入去离子水，调节 pH≥6，然后搅拌均匀，得到悬浊液 S1，经离心、分离，得到第一清液和第一沉淀。所述加入的去离子水与所述乳酸菌发酵提取物的质量比为（2～9）:1。搅拌时间为 10～30min。所述离心转速为 2500～4000r/min，所述离心温度为 10～15℃，所述离心时间为 10～30min。

(2) 向所述第一沉淀中加入稻糠提取物，用去离子水稀释至 10～20g 后，搅拌均匀，得到悬浊液 S2，经离心、分离，得到第二清液和第二沉淀。所述搅拌的时间为 5～10min。所述离心转速为 2500～4000r/min，所述离心温度为 10～15℃，所述离心时间为 10～30min。

(3) 向所述第二清液中加入牡丹根皮提取物，混合均匀后，即得到所述的天然的化妆品防腐剂组合物。

产品特性

(1) 本品中的乳酸菌发酵提取物含有多种抗菌肽，尤其是乳酸菌素，由 34 个氨基酸残基组成，为白色或略带黄色的结晶粉末或颗粒，通常市售产品为以氯化钠作为分散介质的粉末。乳酸菌素可抑制细胞壁中肽聚糖的生物合成，从而使细胞质膜和磷酸合成受阻，引起细胞内容物和三磷酸腺苷外泄，最终引起细胞裂解。稻糠提取物含有植酸，对金属离子有较强的螯合作用，可以帮助稳定乳酸菌素，并增强其防腐能力。牡丹根皮提取物含有丹皮酚，通常用于镇痛、抗炎、解热和抑制变态反应，可改变细胞膜的通透性，对各类真菌均有一定的抑制作用。

(2) 本品各原料组分协同发挥作用，其中，乳酸菌发酵提取物中的乳酸菌素能够抑制或杀死革兰氏阳性菌；稻糠提取物可以帮助稳定乳酸菌素，并增强其防腐能力，牡丹根皮提取物中的丹皮酚对各类真菌均有一定的抑制作用。另外，优化了所述防腐剂组合物的制备方法，对上述 3 种原料组分的混合进行了特殊处理，从而提高了组合物的防腐能力以及在化妆品中的稳定性。最终制备得到的防腐剂组合物具有很好的化妆品防腐作用，且安全、对皮肤无刺激。

配方 30　天然防腐微乳制剂

原料配比

原料	配比（质量份）								
	1#	2#	3#	4#	5#	6#	7#	8#	9#
吐温-20	15	15	15	10	10	10	5	5	5
丙二醇	15	15	5	10	15	15	15	15	30
黄藤提取液	30	20	30	35	20	40	30	40	20
罗勒精油	20	20	20	15	15	15	10	10	10
苦参提取液	20	30	30	30	40	20	40	30	35

制备方法

(1) 分别将黄藤、罗勒和苦参用粉碎机粉碎成 20～40 目粗粉。

(2) 植物黄藤采用 10% 乙醇水溶剂体系，提取溶剂为 10 倍生药质量，在 60℃ 外循环提取罐中提取 2h，用常规过滤絮凝等方法制备黄藤提取液。

(3) 植物罗勒采用水蒸气蒸馏法制备得到其油相部位。

（4）植物苦参采用 50％乙醇水溶剂体系，提取溶剂为 10 倍生药质量，在 60℃外循环提取罐中提取 2h，用常规过滤絮凝等方法制备黄藤提取液。

（5）上述步骤所制得的各植物提取物，以罗勒精油作为油相，黄藤提取液和苦参提取液为水相，吐温-20 为表面活性剂，丙二醇为助表面活性剂，各组分按照以下比例称取：5％～15％吐温-20，5％～30％丙二醇，10％～25％罗勒精油，20％～40％黄藤提取液，20％～40％苦参提取液。

（6）在室温条件下，称取吐温-20、丙二醇和罗勒精油，充分混合均匀，在手动搅拌下将黄藤提取液和苦参提取液滴入，随着水相的加入，体系变得黏稠，当水相达到 5％～20％时，体系突然变稀，水相加到标准量，制备成透明的 O/W 型微乳制剂。

产品应用　本品主要用于化妆品、食品、药品、生化制品等领域的防腐。

产品特性

（1）采用本品的制备方法，提取液有效成分含量高，并具有较好的抗菌效果，具有高效、安全、稳定、无毒、抑菌、保健等功效。

（2）避免了传统复方提取制备方式所存在的缺陷和局限性，针对该天然防腐剂复方各植物的有效成分特性，设计了适合不同植物的提取、纯化工艺。

（3）通过制备水包油型微乳制剂，解决了复方中有效成分存在的极性和溶解性差异等问题，最大限度地保存了黄藤、罗勒和苦参中的功效成分，充分发挥了该复方中活性物质的作用。

（4）这种微乳制剂热力学稳定性好，贮存稳定性好，久置不分层，制作工艺简单，便于操作。

（5）本品是一种天然防腐微乳制剂，可以替代化学防腐剂，避免化学合成防腐剂的潜在危险。该品能同时抑制金黄色葡萄球菌、大肠杆菌、绿脓杆菌（铜绿假单胞菌）、白色念珠菌和黑曲霉。

配方 31　天然植物提取物防腐剂

原料配比

原料	配比（质量份）		
	1#	2#	3#
黄芩提取物	8.7	16.3	11.5
芙蓉花提取物	21.7	29.6	23.1
橄榄叶提取物	69.6	54.1	65.4

制备方法　将各组分原料混合均匀即可。

原料介绍　所述中药提取物采用常温高压均质提取法获得：将上述中药粉碎、过筛，与提取溶剂一起浸泡 1～2h 后，在常温下用高压均质提取机进行提取，提取液经离心分离后，用大孔树脂吸附，用 10％～95％的乙醇多次洗脱，收集洗脱液，减压浓缩至浸膏状即得。为了避免溶剂残留，本品中使用的提取溶剂可为水、乙醇、乙醇水溶液。

产品应用 本品是一种天然防腐剂组合物，用于配制化妆品，其用量为0.05%～10%。

产品特性

（1）本品能抑制革兰氏阳性菌、革兰氏阴性菌、酵母菌及霉菌，具有较宽的抗菌谱。该复合物不含化学合成的物质，无毒副作用，对皮肤刺激性小，性质稳定，安全可靠。另外，黄芩提取物除了具有抗菌效果外，还具有抗炎、抗自由基功效；芙蓉花提取物除了具有抗菌效果外，还具有美白功效；橄榄叶提取物除了具有抗菌效果外，还具有很强的抗自由基功效。所以，本品除了具有抗菌、防腐功效外，还具有抗自由基和美白护肤功效，这是化学合成防腐剂所不能相比的。

（2）本品具有良好的防腐效果，但考虑到天然防腐剂组合物的抗菌谱不是很宽，最好与其他防腐剂同时使用。与化学合成防腐剂复配使用，可以降低化学合成防腐剂的用量，从而降低产品的刺激性，提高产品的安全性。

配方 32 天然防腐剂组合物

原料配比

原料		配比（质量份）		
		1#	2#	3#
阿拉伯胶		8	15	15
山楂核精油		4	10	8
葡萄籽精油		4	10	9
银杏精油		3	8	5
茶提取物	固形物含量为30%的绿茶提取物	1	—	—
	固形物含量为60%的绿茶提取物	—	0.5	—
	固形物含量为40%的绿茶提取物	—	—	0.8
水		80	56.5	62.2

制备方法

（1）将水预热至30～50℃，加入阿拉伯胶搅拌溶解均匀，然后加入茶提取物，继续搅拌至完全溶解，得连续相。

（2）取银杏精油质量3～8倍的连续相，于4000～8000r/min的转速下剪切，并将银杏精油缓慢加入，继续剪切至乳液平均粒径小于2μm，于25～30MPa下均质数次。均质次数以均质后乳液平均粒径小于0.3μm为准，制得乳液A。

（3）取剩余连续相，于4000～8000r/min的转速下剪切，将山楂核精油与葡萄籽精油混合均匀后缓慢加入剪切的连续相中，剪切至乳液平均粒径介于3～5μm之间，然后于20～24MPa下均质数次，均质次数以均质后乳液平均粒径介于0.8～1.2μm之间为准，制得乳液B。

(4) 将乳液 A 和乳液 B 混合，低速搅拌 30min 以上，制得天然防腐组合物。

原料介绍 所述的茶提取物由绿茶经水提工艺制备得到，固形物含量为 30%～60%。

产品特性

(1) 来源天然，满足了消费者对天然、健康的诉求，可应用于食品以及化妆品中。

(2) 该组合物具有广谱抑菌效果，对大肠杆菌、金黄色葡萄球菌、枯草芽孢杆菌、酵母、霉菌等均有显著的抑菌效果。

(3) 该组合物抑菌能力强，在食品或化妆品中添加 0.001%～0.05% 即可实现抑菌效果，应用成本低。

(4) 该组合物质量稳定，常温可保存 3 年以上。

配方 33 天然植物防腐剂组合物

原料配比

原料		配比（质量份）										
		1#	2#	3#	4#	5#	6#	7#	8#	9#	10#	11#
白藜芦醇		8	10	12	15	20	18	5	25	1	30	23
协同增效剂	1,2-戊二醇	12	—	10	15	—	—	—	—	—	10	—
	1,2-辛二醇	28	—	—	25	10	—	—	5	—	—	—
	苯乙醇	—	10	15	—	—	—	—	—	10	—	—
	乙基己基甘油	—	25	—	—	—	—	—	—	—	10	10
	1,2-丁二醇	—	—	18	—	—	15	20	10	10	—	5
	苄醇	—	—	—	—	15	—	15	—	15	—	—
	1,2-癸二醇	—	—	—	—	5	12	—	5	—	—	5
溶剂	1,2-丙二醇	32	20	—	45	40	35	30	—	20	35	57
	水	20	—	20	—	10	20	—	15	—	15	—
	聚乙二醇	—	35	25	—	—	—	—	20	40	44	—

制备方法 将白藜芦醇和溶剂加入容器中搅拌，再加入协同增效剂，升温至 40～60℃，搅拌至全溶后降至室温即得，或继续过滤，分装。

产品应用 本品主要用于个人护理品、家居洗涤用品和湿巾等产品的防腐。

产品特性

(1) 本品通过充分发挥组合物中增效剂的协同抗菌作用，能够降低白藜芦醇的使用量。

(2) 本品增强了白藜芦醇抑菌效果，抑菌谱广，效果稳定，使用方便。

(3) 本品原料天然、安全、无毒、环保，对人体无害，所使用的协同增效剂及溶剂为醇类，三者协同增效，不仅有效提高了白藜芦醇对细菌的抗菌性能，而且对真菌的抑菌能力也明显提高，广谱抑菌且效果稳定。本品还具有较强的抗氧化作用，适用性广，使用量小，可替代化学防腐剂添加到乳液、膏霜等化妆品中。

配方 34　新型防腐剂组合物

原料配比

原料	配比(质量份)				
	1#	2#	3#	4#	5#
乙酰丙酸	10	8	15	10	10
茴香酸	3	5	3	2	7
葡萄糖酸内酯	1	3	5	3	3
甘氨酸	20	20	15	15	15
精氨酸	10	10	12	12	5
去离子水	56	51	5	58	60

制备方法　将乙酰丙酸、茴香酸、葡萄糖酸内酯和甘氨酸加入去离子水中，加热溶解，冷却至常温后加入精氨酸调节 pH 至酸性，搅拌至均匀透明，即得到新型防腐剂组合物。加热溶解温度控制在 65～70℃。加入精氨酸调节 pH 值至 5.0～6.0。

产品应用　本品主要用于化妆水、乳液、膏霜、面膜、防晒霜、防晒乳和洗发水中，是一种新型防腐剂组合物。

所述新型防腐剂组合物添加量为化妆品组分总质量的 4%～5%。

产品特性

(1) 本品所述组分均有较高安全性，温和、无刺激且兼具皮肤调理的功效，原料来源天然、安全、高效、广谱。组合物中五种成分协同增效防腐性能，具有广谱抑菌、杀菌的效果，可完全替代传统防腐剂，应用于化妆品生产中时直接添加于水相中，操作方便，稳定性好，无变色、变味风险。

(2) 本品制备方法简便，通过称取和简单混合即可高效地制备新型防腐剂组合物，对加工设备的要求低，易操作，有利于实现工业化生产。

配方 35　新型化妆品防腐剂

原料配比

原料	配比(质量份)	
	1#	2#
辛酸单甘油酯	54	60
甘油癸酸酯	38	35
维生素 E 乙酸酯	8	5

制备方法

(1) 将配比量的各原料加入提前清洗并预热、干燥的反应釜中，夹套蒸汽加热，搅拌溶解，混合均匀得油相。加热温度为 50～55℃，搅拌速度为 100～600r/min。

（2）所得油相冷却至常温，即得所述的新型化妆品防腐剂。

在化妆品中，所述新型化妆品防腐剂的添加量为 1.0%～1.5%。

产品特性　本品将辛酸单甘油酯、甘油癸酸酯和维生素 E 乙酸酯合理复配，不含传统防腐剂和杀菌剂，用于化妆品中可完全支持"无添加防腐剂"概念的复配体系，具有广谱抗菌活性，能有效抑制革兰氏阴性菌、革兰氏阳性菌、酵母菌及霉菌，刺激性低，安全性高。

配方 36　新型日化防腐剂

原料配比

原料	配比（质量份）					
	1#	2#	3#	4#	5#	6#
丙二醇	20.0	20.0	20.0	20.0	20.0	20.0
苯氧乙醇	30.0	25.0	38.0	30.0	30.0	30.0
苯甲酸钠	10.0	10.0	10.0	10.0	10.0	10.0
西吡氯铵	5.0	10.0	2.0	5.0	5.0	5.0
桉叶提取物（mg/mL）	—	—	—	1.0	5.0	5.0
忍冬花提取物（mg/mL）	—	—	—	10.0	6.0	6.0
松花粉	—	—	—	2	6	—
水	加至 100	加至 100	加至 100	加至 100	加至 100	加至 100

制备方法

（1）混合液 A：将丙二醇与苯氧乙醇混合均匀，然后边搅拌边将西吡氯铵溶于其中，搅拌混匀；

（2）混合液 B：在搅拌下将苯甲酸钠溶于水中，直至苯甲酸钠完全溶解得澄清溶液；

（3）混合液 C：将桉叶提取物、忍冬花提取物和松花粉加入混合液 B 中搅拌均匀；

（4）混合液：在搅拌下将混合液 A 和混合液 C 混合均匀得澄清溶液。

原料介绍　所述桉叶提取物为大叶桉的乙酸乙酯萃取物，桉叶提取物提供的大果桉醛在防腐剂中的含量为 0.5～2mg/mL。

所述忍冬花提取物为乙醇提取物，忍冬花提取物提供的绿原酸在防腐剂中的含量为 5～20mg/mL。

所述松花粉在防腐剂中的含量为 1%～4%。

所述的忍冬花提取液制备方法如下：以草药忍冬花为原料，干燥、粉碎、过筛，以乙醇为提取溶剂，微波萃取 2h，离心、过滤，收集滤液，经旋转蒸发，浓缩除去乙醇，得到忍冬花提取液。

所述的松花粉为马尾松花刚开时，采摘花穗、晒干、收集花粉、除去杂质制备得到。

产品应用 本品主要用于化妆品、湿巾等日化产品中。

产品特性

(1) 本品采用苯氧乙醇、苯甲酸钠、西吡氯铵三种防腐抑菌剂组合,具有广谱抑菌性,对金黄色葡萄球菌、大肠杆菌、白色念珠菌、绿脓杆菌、卟啉单胞菌及变异链球菌等都具有较强的抑制、杀灭效果,同时对单纯疱疹病毒具有良好的抑制效果。其中苯氧乙醇、西吡氯铵两种抑菌剂具有协同作用,可增强彼此的抗菌活性。将三种防腐抑菌剂溶于水和丙二醇中,可以广泛适用于各种 pH 环境,可以在不同皮肤上具有良好的抑菌效果,使用量较少,对皮肤的刺激小。

(2) 在防腐剂中加入桉叶提取物、忍冬花提取物和松花粉可以改善儿童的敏感肤质,尤其是对湿疹、疱疹、溃烂等症状有一定的改善作用,并且可以抑制和杀灭具核梭杆菌、中间普氏菌等。

(3) 本品的制备方法简单,原料易得,该防腐剂性能稳定,具有良好的广谱抑菌性。

配方 37 应用于化妆品的新型防腐剂

原料配比

原料	配比(质量份)				
	1#	2#	3#	4#	5#
2-戊二醇	20	40	40	40	10
1,2-己二醇	30	10	30	30	15
辛甘醇	25	25	10	25	17.5
壳聚糖	25	25	25	5	15

制备方法 将各组分原料混合均匀即可。所述的防腐剂 pH 值为 4~8。

产品特性

(1) 本品在多种化妆品中均可实现高效防腐,使用量低、安全性好,大大降低了化妆品的致敏风险。

(2) 本品中多元醇能够与微生物的细胞膜发生相互作用,导致细胞膜排列紊乱甚至破损,这样就破坏了微生物的生理屏障,从而失去其生理功能。所述壳聚糖分子中的氨基结合负电子来抑制细菌,是天然的防腐成分。

配方 38 用于护肤品的新型防腐剂

原料配比

原料	配比(质量份)		
	1#	2#	3#
白头翁提取物	1	1	2
秦椒果提取物	1	2	2
须松萝提取物	1	1	1

制备方法　将各组分原料混合均匀即可。所述防腐剂的 pH 值为 4~8。

原料介绍　白头翁提取物具有显著的药理活,性现代药理研究证实,其对金黄色葡萄球菌、绿脓杆菌等均有抑制作用;秦椒果提取物对大肠杆菌、金色葡萄球菌、伤寒杆菌、肺炎杆菌、痢疾杆菌、棒状杆菌、皮肤真菌、霍乱弧菌均有明显的抑制作用;须松萝提取物中松萝酸抗菌作用尤为突出,对革兰氏阳性菌及结核杆菌有很好的抑制作用。

产品应用　本品主要应用于膏、乳液、精华、霜、各种类型的面膜、喷雾等中。

防腐剂在护肤品中的使用量为 0.5%~2.5%。

产品特性

(1) 本品可以起到很好的防腐作用,属于天然植物成分,不会引起皮肤过敏,同时也不会破坏皮肤屏障,从而降低或避免传统防腐剂经皮毒所引发的健康问题。

(2) 本品可以延长护肤品、化妆品的使用寿命,代替原有的化学防腐剂,且长期使用安全,使用量低。与传统防腐剂相比较,可以将传统防腐剂引起的皮肤过敏降低 38%~46%。

配方 39　用于护理用品的防腐剂

原料配比

原料	配比(质量份)			原料	配比(质量份)		
	1#	2#	3#		1#	2#	3#
重氮咪唑烷基脲	1.7	1.5	1.5	丙二醇	0.7	0.7	1.1
对羟基苯甲酸甲酯	1.2	0.9	1	丙酸钠	0.6	0.6	0.5
对羟基苯甲酸丙酯	1.4	1.2	1.1				

制备方法　将各组分原料混合均匀即可。

产品特性　本品制备得到的防腐剂在护理用品领域中具有高效、持久和安全等性能。

配方 40　用于化妆品的纯天然防腐剂

原料配比

原料	配比(质量份)				原料	配比(质量份)			
	1#	2#	3#	4#		1#	2#	3#	4#
荷叶	1	3	2	1	乌梅	1	3	2.5	3
金银花	3	5	4	5	柚子皮	1	5	3.5	1
银杏叶	2	5	3	2	去离子水	适量	适量	适量	适量

制备方法

(1) 将配方量的各原料粉碎后混合,加水煎煮 3 次,合并煎煮液,过滤,滤液浓缩至生药浓度为 1~1.3g/mL，得到浓缩液；每次加水量为各原料总质量的 8~10 倍，每次煎煮时间为 1~3h。

(2) 往浓缩液中加入乙醇至乙醇浓度为 75%~80%，静置、沉淀，滤去沉淀，得到澄清液。静置、沉淀时间为 24~48h。

(3) 澄清液用活性炭脱色、超滤、干燥，即得该防腐剂。活性炭与澄清液的用量比为 0.3~0.6g/100mL，脱色温度为 35~45℃，脱色时间为 20~40min。

产品特性

(1) 本品由纯天然植物提取物配伍而成，抑菌效果好，对人体无毒，还具有抗氧化、美白和消炎等优点。

(2) 本品筛选荷叶、金银花、银杏叶、乌梅、柚子皮 5 种纯天然植物，并提取其活性成分制成天然、绿色防腐剂。该防腐剂能有效抑制化妆品中细菌、真菌等微生物的生长，同时具有来源广泛、加工低廉等优点，能有效降低生产成本。

配方 41 化妆品用复配防腐剂

原料配比

原料	配比（质量份）				原料	配比（质量份）			
	1#	2#	3#	4#		1#	2#	3#	4#
薰衣草	1	5	3	1	迷迭香	3	5	4	3
金盏花	1	4	2.5	4	丁香	1	3	2.5	3
黄芩	1	3	2	1	甘草	3	5	4	3
芍药根	1	3	2	3	60%~75%乙醇	适量	适量	适量	适量

制备方法 将配方量的各原料粉碎后混合，加入乙醇，在水浴条件下提取 1~3 次，每次提取 1~3h，合并提取液，过滤，将滤液减压回收乙醇，干燥，即得该防腐剂。水浴温度为 60~75℃。乙醇用量为各原料总质量的 10~12 倍。

产品应用 所述的防腐剂在化妆品中的添加量为 0.5%~1.5%，其 pH 值适用范围为 2~10。

产品特性 本品筛选具有防腐效果的纯天然植物和草药，将其复配制成防腐剂，能有效抑制化妆品中细菌、真菌等微生物的生长，延长化妆品使用期限，对人体无毒，还具有抗氧化、美白和消炎等优点。

配方 42 用于化妆品的复配防腐剂

原料配比

原料		配比（质量份）						
		1#	2#	3#	4#	5#	6#	7#
月桂酰精氨酸乙酯盐酸盐		10	10	4	10	20	1	8
多元醇	乙基己基甘油	5	3	5	10	1	10	5
	1,2-丙二醇	80	70	60	50	40	59	72

原料		配比(质量份)						
		1#	2#	3#	4#	5#	6#	7#
多元醇	1,3-丁二醇	—	—	10	—	—	—	—
	1,2-己二醇	5	3	5	5	—	10	—
	1,2-辛二醇	—	—	11	—	—	10	10
	1,2-戊二醇	—	—	—	5	—	10	—
	甲基丙二醇	—	—	—	25	—	—	—
	甘油	—	14	—	—	39	—	—

制备方法 将月桂酰精氨酸乙酯盐酸盐和多元醇搅拌混匀,得到复配防腐剂。

产品特性 本品具有广泛的活性,能有效抑制革兰氏阳性菌、革兰氏阴性菌、霉菌和酵母菌,并且能在消化道迅速代谢,是优良的新型防腐剂产品,能抑制化妆品中大多数细菌、真菌和酵母菌,还具有保湿、润肤的功能。本品与皮肤具有很好的亲和力,安全、温和,适用于对配方温和性要求较高的化妆品。

配方 43　用于化妆品的植物防腐剂组合物

原料配比

原料	配比(质量份)							
	1#	2#	3#	4#	5#	6#	7#	8#
秦椒果	20	10	12	10	18	15	15	15
白头翁	10	20	12	16	18	15	15	15
须松萝	20	10	13	16	15	12	12	11
厚朴树皮	5	10	7	8	6	8	8	8
黄连	10	5	8	8	6	8	8	8
茶叶	—	—	5	3	—	4	4	4
石香菜	—	—	—	—	1	2	3	2
50%~70%乙醇	适量	适量	适量	适量	适量	适量	适量	适量

制备方法

(1) 按照所述质量份配比称取原料,混合、粉碎、过40目筛;

(2) 按照质量比1:(15~30)将步骤(1)中的混合物与50%~70%的乙醇溶液混合,密封浸泡3~6h;

(3) 将步骤(2)中所制得的原料放入超高压容器内,加压200~400MPa,保压提取5~10min后,料液过滤除去固体残渣,滤液进行减压浓缩,回收乙醇至无醇味;

(4) 抽滤、离心取上清液,即得。

产品特性

(1) 本品中,秦椒果、白头翁、须松萝、厚朴树皮、黄连协同作用,通过与微生物细胞中的各个靶点进行化学反应,干扰细胞的新陈代谢,破坏细胞的结构，或者影响微生物细胞的渗透压进行防腐。

（2）本品对各种有害细菌和真菌都有抑制作用。

（3）本品原料均为常用的天然植物，以安全无害的天然植物为原料代替化工合成的化学防腐剂，把对人体皮肤细胞的损害降至最低，无刺激或过敏反应。

（4）本品具有良好的兼容性，具有生物可降解性。

配方 44 用于化妆品的防腐剂

原料配比

原料	配比（质量份）			原料	配比（质量份）		
	1#	2#	3#		1#	2#	3#
甘草提取物	3	3	3	迷迭香提取物	4	5	6
薰衣草提取物	5	4	4	黄芩提取物	8	6	7
金盏花提取物	3	5	2	芙蓉花提取物	13	18	19
芍药根提取物	7	3	7	橄榄叶提取物	46	50	48

制备方法 将各组分原料混合均匀即可。

产品特性 本品在化妆品领域中具有高效、持久和安全等性能。

配方 45 有机天然植物防腐剂

原料配比

原料	配比（质量份）			原料	配比（质量份）		
	1#	2#	3#		1#	2#	3#
欧洲花楸果提取物	3	6	14	法国薰衣草提取物	2	9	12
厚朴树皮提取物	2	4	9	葡萄柚提取物	6	11	13
西洋接骨木果提取物	1	3	6	艾叶提取物	4	6	7
欧洲山杨树皮提取物	4	6	8	牡丹根皮提取物	3	6	11
明串球菌发酵生产的萝卜根发酵产物滤液	2	5	7	黄芩根提取物	2	4	5
				大蒜提取物	4	13	15
忍冬花提取物	1	3	5	何首乌提取物	3	8	12
甘草提取物	2	6	8	虎杖提取物	1	3	5
芍药提取物	3	8	10	1,2-戊二醇	1	3	4
东方香蒲提取物	5	7	9	1,2-己二醇	1	2	3

制备方法 将各组分原料混合均匀即可。

产品特性

（1）本品不仅能够延长护肤品的保质期，有效抑制细菌滋生，而且还能够使护肤品的保湿效果显著，不会刺激皮肤，能够很好地保证护肤品的耐寒性能和耐热性能，真正实现纯粹、天然、无添加的植物护肤。

（2）天然植物防腐剂对人体有很好的生理效应，能改进血管的渗透性能，增强血管壁弹性，促进维生素的吸收与同化，抗机体脂质氧化和抗辐射等作用。其还有很好的防腐、保鲜作用，对枯草杆菌、金黄色葡萄球菌、大肠杆菌以及毛霉菌、青霉菌、赤霉菌、炭疽杆菌、啤酒酵母菌等均有抑制作用。

配方 46　植物防腐剂

原料配比

原料	配比（质量份）						
	1#	2#	3#	4#	5#	6#	7#
花椒提取物	15	20	25	20	20	20	20
白头翁提取物	55	55	55	60	65	60	55
苔藓提取物	15	15	15	15	15	20	25
水	15	10	5	5	—	—	—

制备方法　将各组分原料混合均匀即可。

产品应用　本品是一种用于化妆品的植物防腐剂。所述植物防腐剂占所述无泪卸妆水质量的 5%～10%。无泪卸妆水应用实例如下。

原料	配比（质量份）										
	1#	2#	3#	4#	5#	6#	7#	8#	9#	10#	11#
1#植物防腐剂	6	—	—	—	—	—	—	—	—	—	—
2#植物防腐剂	—	6	—	—	—	—	—	—	—	—	—
3#植物防腐剂	—	—	6	—	—	—	—	—	—	—	—
4#植物防腐剂	—	—	—	6	—	—	—	—	—	—	—
5#植物防腐剂	—	—	—	—	6	—	—	—	—	—	—
6#植物防腐剂	—	—	—	—	—	6	—	—	—	—	—
7#植物防腐剂	—	—	—	—	—	—	6	5	10	6	6
EDTA 二钠	0.1	0.1	0.1	0.1	0.1	0.1	0.1	0.1	0.1	0.1	0.01
氯化钠	0.7	0.7	0.7	0.7	0.7	0.7	0.7	0.7	0.7	0.7	0.5
甘油	20	20	20	20	20	20	20	20	20	90	5
1,2-己二醇	0.7	0.7	0.7	0.7	0.7	0.7	0.7	0.7	0.7	0.5	0.1
吐温-28	2	2	2	2	2	2	2	2	2	2	1
聚甘油-10-二十碳二酸酯/十四碳二酸酯类	2.5	2.5	2.5	2.5	2.5	2.5	2.5	2.5	2.5	2.5	1
水	68	68	68	68	68	68	68	68	68	64	0.99

　　包含上述植物防腐剂的无泪卸妆水的制备方法包含以下步骤：在容器中加入水、EDTA 二钠、氯化钠和甘油，搅拌并升温至 80～85℃，保温搅拌 30min，再搅拌降温至 35℃，加入 1,2-己二醇、吐温-28、聚甘油-10-二十碳二酸酯/十四碳二酸酯类和植物防腐剂，搅拌均匀后，过滤布，出料即得所述无泪卸妆水。所述滤布为 200 目。

产品特性

（1）本品具有优异的微生物抑制能力，且对人体安全、刺激性低。

（2）本品能替代传统的化学防腐剂来作为化妆品的防腐剂，由其制备而成的无泪卸妆水不但安全、刺激性低、防腐能力强、卸妆能力强，而且制备方法简单，易于工业化生产。

配方 47　植物复配防腐剂

原料配比

原料		1#	2#	3#	原料		1#	2#	3#
植物根提取物		5	18	12	植物花提取物	金盏花	5	8	10
植物花提取物		15	10	6		芙蓉花	10	5	1
植物叶提取物		15	10	25		金银花	1	10	5
植物皮提取物		10	6	2	植物叶提取物	荷叶	1	7	10
植物根提取物	黄芩根	1	3	5		银杏叶	10	8	5
	苦参根	0.1	0.6	1		橄榄叶	1	5	2
	青苔根	1	0.1	0.5		紫苏叶	10	8	5
	鱼腥草根	3	5	1		迷迭香叶	5	4	2
	芍药根	5	1	2	植物皮提取物	柚子皮	5	8	10
						桂皮	5	3	1

制备方法　将各组分原料混合均匀即可。

原料介绍　所述植物根提取物由以下方法制得：整理、收集黄芩根、苦参根、青苔根、鱼腥草根和芍药根放置于粉碎机缸体中，加入 64% 的酒精，液料质量比为 25∶1，浸泡 3h，以 10000r/min 的转速进行组织破碎 4 次，每次 8min，然后静置 3h，得到混合液；将混合液倒入逆流提取机内进行提取，得到粗提取液；用膜过滤，得到初步过滤液；在常温下用反渗透膜进行浓缩，得到固体物含量 15% 的第一浓缩液；取一半第一浓缩液在 35℃ 下进行真空浓缩，得到固含量 35% 的第二浓缩液；将剩下的第一浓缩液和第二浓缩液混合后干燥，即得植物根提取物。

所述植物花提取物由以下方法制得：整理、收集芙蓉花、金盏花和金银花放置于粉碎机缸体中，加入 52% 的酒精，液料质量比为 12∶1，浸泡 3h，以 5000r/min 的转速进行组织破碎 2 次，每次 5min，然后静置 3h，得到混合液；将混合液倒入逆流提取机内进行提取，得到粗提取液；用膜过滤，得到初步过滤液；在常温下用反渗透膜进行浓缩，得到固体物含量 5% 的第一浓缩液；取一半第一浓缩液在 35℃ 下进行真空浓缩，得到固含量 15% 的第二浓缩液；将剩下的第一浓缩液和第二浓缩液混合后干燥，即得植物花提取物。

所述植物叶提取物由以下方法制得：整理、收集荷叶、银杏叶、迷迭香叶、橄榄叶和紫苏叶放置于粉碎机缸体中，加入 58% 的酒精，液料质量比为 20∶1，浸泡 3h，以 8000r/min 的转速进行组织破碎 3 次，每次 8min，然后静置 3h，得到混合液；将混合液倒入逆流提取机内进行提取，得到粗提取液；用膜过滤，得到初步过滤液；在常温下用反渗透膜进行浓缩，得到固体物含量 15% 的第一浓缩液；取一半第一浓缩液在 35℃ 下进行真空浓缩，得到固含量 28% 的第二浓缩液；将剩下的第一浓缩液和第二浓缩液混合后干燥，即得植物叶提取物。

所述植物皮提取物由以下方法制得：整理、收集柚子皮和桂皮放置于粉碎机缸体中，加入 55％的酒精，液料质量比为 10∶1，浸泡 3h，以 5000r/min 的转速进行组织破碎 3 次，每次 8min，然后静置 3h，得到混合液；将混合液倒入逆流提取机内进行提取，得到粗提取液；用膜过滤，得到初步过滤液；在常温下用反渗透膜进行浓缩，得到固体物含量 8％的第一浓缩液；取一半第一浓缩液在 35℃下进行真空浓缩，得到固含量 20％的第二浓缩液；将剩下的第一浓缩液和第二浓缩液混合后干燥，即得植物皮提取物。

产品应用 该植物复配防腐剂可应用于祛痘洗面奶、祛痘膏、祛痘霜、祛痘乳液、祛痘化妆水、祛痘面膜、祛痘凝胶或祛痘皂等化妆品外用剂型的防腐。

产品特性

(1) 该植物复配防腐剂能有效抑制化妆品中细菌、真菌等微生物的生长，延长护肤品使用期限，而且具有无毒、无刺激、无皮肤过敏等优点。

(2) 本品防腐效果接近化学防腐剂，但克服了化学防腐剂刺激性大、毒性大的缺陷，对人体安全无毒，还具有抗氧化、美白和消炎等优点。同时，本产品具有来源广泛、加工低廉等优点，能有效降低生产成本。

混凝土防腐剂

配方 1 地下混凝土结构用抗硫酸盐侵蚀的防腐剂

原料配比

原料		配比（质量份）		
		1#	2#	3#
密实组分	硅灰	5	8.5	—
	偏高岭土	—	—	15
	粉煤灰	48.9	38	25
减缩组分	聚二甲基硅氧烷	3	3	4
	2-甲基-2,4-戊二醇	5	7	8
钡盐	硝酸钡	13	—	12
	乙酸钡	—	12	16
	氢氧化钡	11	14	—
钙矾石生成抑制剂	次氨基三亚甲基膦酸	0.1	0.7	—
	羟基亚乙基二膦酸	—	0.8	2
碳硫硅钙石生成抑制剂	甘油	8	—	5
	二丙二醇	—	7	—
	磷酸钙	6	9	7

制备方法 将各组分原料混合均匀即可。

产品特性

（1）本品不仅抗钙矾石及抗碳硫硅钙石侵蚀，而且制作简单、成本低廉。

（2）本品不仅能够满足现阶段地下混凝土结构的抗侵蚀性能要求，而且经过 150 次干湿循环（KS150）后抗压强度、耐蚀系数均大于 75%，即具有优良的抗硫酸盐侵蚀性能。

配方 2 复合型混凝土防腐剂

原料配比

原料	配比（质量份）			原料	配比（质量份）		
	1#	2#	3#		1#	2#	3#
粉煤灰	20	15	25	聚羧酸	5	3	7
钼酸钠	3	2	4	硅酸钠	0.1	0.05	0.15
亚硝酸钠	5	3	7	氢氧化钠	0.1	0.05	0.15
烯丙基硫脲	1	1~2	2	葡萄糖酸钠	1	1	2
有机膦酸盐	1	1	2	十二烷基苯磺酸钠	0.0001	0.0001	0.0002
氯化亚锡	0.01	0.01	0.02	硅树脂聚醚乳液类	0.001	0.001	0.002

制备方法

(1) 启动搅拌釜，检查搅拌釜以确保运行正常；

(2) 在干粉搅拌釜中加入上述配比的粉煤灰、钼酸钠、亚硝酸钠、烯丙基硫脲、有机膦酸盐、氯化亚锡、聚羧酸、硅酸钠、氢氧化钠、葡萄糖酸钠、十二烷基苯磺酸钠、硅树脂聚醚乳液类；

(3) 调节干粉搅拌釜的搅拌速度，控制前 10min 的搅拌速度为 30r/min，搅拌 30min 之后再调节搅拌速度为 40r/min 直到搅拌均匀；

(4) 将产物移至储料釜中储存备用；

产品应用 本品是一种可运用于混凝土中的防腐剂。添加量为混凝土总质量的 8%。

产品特性

(1) 本品不仅对硫酸根型腐蚀性物质有良好的防腐性能，而且能有效地减轻其他有腐蚀性的物质对混凝土的腐蚀。

(2) 使用本品不会对混凝土的实际使用性能造成影响，并且能够有效阻挡混凝土的化学腐蚀，因此在混凝土拌和的过程中添加一定量的防腐剂能够有效延长混凝土的使用年限，减少工程浪费。

配方3 复合型混凝土用防腐剂

原料配比

原料	配比（质量份）			原料	配比（质量份）		
	1#	2#	3#		1#	2#	3#
普通硅酸盐水泥	30	25	25	微珠粉	10	15	15
微硅灰	30	35	30	七钼酸铵	0.1	0.1	0.1
膨胀熟料粉	10	10	10	六偏磷酸钠	0.1	0.1	0.1
超细石灰石粉	19.75	14.75	19.75	葡萄糖酸钠	0.05	0.05	0.05

制备方法

(1) 将上述普通硅酸盐水泥、微硅灰、膨胀熟料粉、超细石灰石粉、微珠粉、七钼酸铵、六偏磷酸钠、葡萄糖酸钠按照质量份投入搅拌机（罐）搅拌均匀。

(2) 搅拌均匀后的混合物通过包装设备装袋或进入复合型混凝土防腐剂成品罐中储存。

原料介绍 所述膨胀熟料粉比表面积在 $200\sim350m^2/kg$。

所述微珠粉是一种全球状、连续粒径分布、实心、超细粉煤灰硅铝酸盐精细微珠（沉珠），烧失量≤6%，安定性合格。

所述七钼酸铵为比表面积在 $80m^2/kg$ 以上的粉状固体，为防止受热、防潮、结块，存放在阴凉、干燥的库房。

所述六偏磷酸钠为比表面积在 $150m^2/kg$ 以上的白色粉状固体，1.18mm 筛余为 0。

所述葡萄糖酸钠为 80m²/kg 以上的白色粉状固体，无结块。

产品特性

（1）本品不仅能提高混凝土的密实性，而且能降低可侵入混凝土中硫酸根离子的浓度，并细化毛细孔的孔径，抑制氢氧化钙从水泥中析出的速度，显著提高混凝土抗压、抗折、抗渗、防腐、抗冲击性和耐磨性能，从而提高混凝土结构耐久性。

（2）与传统混凝土防腐剂采用矿粉作为原材料相比，本品使用普通硅酸盐水泥、微硅灰、超细石灰石粉作为矿物掺合料，避免了产品中氧化镁含量超标的问题。

（3）本品中加入微珠粉无定形球状颗粒，可以提高混凝土的流变性能，降低混凝土泵送压力，避免了传统混凝土防腐剂产品对混凝土施工性能的影响。

（4）本品通过加入微硅灰大大提高了混凝土在海水或污染水体环境中各龄期的强度。微硅灰和超细石灰石粉的加入，在有效抗氯离子渗透的作用下，使各龄期混凝土的电通量、氯离子扩散系数均明显下降。七钼酸铵、六偏磷酸钠对混凝土中的金属构件有明显的防锈作用，延长了钢筋等金属构件的使用寿命。

（5）本品中添加了一定数量的葡萄糖酸钠，可增加混凝土的可塑性和强度，且有阻滞作用，可增加混凝土后期强度，大大提高了混凝土抗压强度比。

配方 4 改性类水滑石混凝土抗硫酸盐侵蚀防腐剂

原料配比

原料		配比（质量份）			
		1#	2#	3#	4#
类水滑石		10	15	10	12
硅烷偶联剂	KH560	0.5	0.5	—	—
	KH570	—	—	1	—
	KH792	—	—	—	1
纳米二氧化硅	亲水性纳米二氧化硅,平均粒径 20nm,比表面积为 240m²/g	6	—	—	5
	亲水性纳米二氧化硅,平均粒径 15nm,比表面积为 260m²/g	—	5	5	—
超细云母粉末	白度 80,平均粒径 25μm	2	—	—	2
	白度 80,平均粒径 30μm	—	3	2	—
类水滑石	硝酸钙	0.05	0.1	0.02	0.1
	硝酸钡	0.2	0.5	0.1	0.4
	硝酸铝	0.1	0.25	0.04	0.2
	碳酸钠	0.4	1.5	0.2	1
	氢氧化钠	1	3	0.4	2.4
	蒸馏水	1000（体积份）	1000（体积份）	500（体积份）	500（体积份）

制备方法

（1）将硝酸钡、硝酸钙、硝酸铝、氢氧化钠、碳酸钠和蒸馏水混合配成溶液，使用磁力搅拌器剧烈搅拌 2～3h 后抽滤，洗涤干燥得到类水滑石；

（2）将所得的类水滑石和纳米二氧化硅、超细云母粉末、硅烷偶联剂混合，超声分散、干燥、研磨过 200 目筛，在 500℃下煅烧 5～6h，得到改性类水滑石混凝土抗硫酸盐侵蚀防腐剂。

原料介绍　所述的超细云母粉末白度大于 70，平均粒径小于 35μm。

所述的纳米二氧化硅为亲水性纳米二氧化硅，平均粒径小于 30nm，比表面积为 200～300m²/g，二氧化硅含量大于 99.5%。

产品特性　本品通过煅烧类水滑石来提高其阴离子的吸附能力，煅烧后的类水滑石具有结构记忆效应，在有水的环境下可以加大层间距离，进一步增加其对硫酸根离子的吸附。同时，本品加入的纳米二氧化硅具有火山灰效应，加速了胶凝材料的水化，提高了混凝土的早期强度。超细云母粉作为一种层状硅酸盐矿物，具有很好的保水性，能在一定程度上预防混凝土开裂；另外其本身的微小粒径配合纳米二氧化硅能提高混凝土的密实度，对防止硫酸根离子的扩散起到积极作用，从而阻止硫酸盐侵蚀性产物生成。通过掺加硅烷偶联剂来对类水滑石进行改性，提高了类水滑石和纳米二氧化硅在混凝土中的分散性。

配方 5　钢筋混凝土表面防腐剂

原料配比

原料	配比（质量份）	原料	配比（质量份）
硅粉	20	山梨酸钾	10
滑石粉	2	十二烷基苯磺酸	4
石英粉（174μm）	2	硝酸铵	4
氟硅酸钠	8	硝酸钾	8
氟化镁	3	甲醛	10
碱式碳酸铜	8	乳化剂 AerosolA-102	3
焦磷酸钾	6	乳化剂 Dowfax 2A1	3
焦磷酸钠	8	二乙醇胺	5
硫酸锌	2	碳酸氢钠	2
硫酸亚铁	5	十二烷基硫醇	2
六偏磷酸钠	4	NaOH	1
硼氢化钾	4	二甲苯	140
硼砂	4		

制备方法　按配方比例称取二甲苯，加入其他物料，搅拌 30～40min，即得。

产品特性　本品通过对原料进行改性，提高了渗透深度，降低了吸水率，延长了耐盐雾时间和耐老化时间，防腐效果明显，且使用方便。

配方 6　钢筋混凝土用微乳型防水防腐剂

原料配比

原料		配比(质量份)		
		1#	2#	3#
氨基硅烷	氨丙基三乙氧基硅烷	50	50	50
羟基硅油	分子量为1000的两端为羟基的聚硅氧烷	100	—	—
	分子量为2000的端羟基硅油	—	100	—
	分子量为500的端羟基硅油	—	—	100
烷基硅烷	甲基三乙氧基硅烷	200	—	50
	辛基三乙氧基硅烷	—	50	50
催化剂	四甲基氢氧化铵	—	—	0.15
	氢氧化钠	0.2	—	—
无水乙醇		5(体积份)	—	—
酸	乙酸	10	—	—

制备方法　在附电动搅拌器和自动控温设备中,加入氨基硅烷、羟基硅油、烷基硅烷、催化剂、无水乙醇,在氮气保护下,升温至80℃,反应3h,取样自分散于pH值为5的去离子水中形成透明微乳,加入酸中和,减压脱除低沸物,即得到无色透明的含乙氧基和氨基的防水防腐剂。

产品特性

(1) 本品具有含量高、贮存稳定、渗透力很强等特点。在水中能自动分散成微乳的氨基聚硅氧烷既可加入水泥中一起成型,也可以用于混凝土表面,都有优良的防水防腐效果。

(2) 本品微乳粒径为几十至几百纳米,对混凝土毛细孔渗透力强,并能迅速交联成网状硅树脂结构,起拒水、防水作用,氨基朝向钢筋表面起防腐、防锈作用。

配方 7　高效渗透型钢筋混凝土防腐剂

原料配比

原料		配比(质量份)	
		1#	2#
防腐组分		50	60
阻锈组分		30	25
高分子聚合物组分		20	15
防腐组分	SiO_2	95	92
	Al_2O_3	0.9	1.5
	Fe_2O_3	0.8	2.2
	Mg	0.7	1.6
	CaO	0.8	1.0
	Na_2O	1.8	1.7
	防腐组分的pH值	7.21	7.21

原料		配比（质量份）	
		1#	2#
阻锈组分	双咪唑啉季铵盐	62	68
	二癸基二甲基碳酸铵	32	25
	钼酸钠	6	7
高分子聚合物组分	聚三氟氯乙烯	40	55
	纯丙烯酸纳米乳液	30	35
	聚硅氧烷	30	10

制备方法 将各组分原料混合均匀即可。

产品应用 所述高效渗透型钢筋混凝土防腐剂与混凝土掺混使用，掺量为胶凝材料质量的 3%～5%，适用于含氯盐及硫酸盐的煤系地层、硫化矿地层、石膏地层、淤泥地层、盐渍土地地区、盐湖、滨海盐田、沿海港口、海水渗入区、不良地质区域、海洋水域工程中。

产品特性

（1）本品可在钢筋表面形成钝化膜和吸附膜，能长期有效地抑制氯离子引起的钢筋锈蚀；水泥浆在强碱性环境下生成特殊的网状防渗膜，延缓了大部分酸性离子往砼内部迁移的速度。

（2）本品能增大水泥浆体的黏稠度，可大幅提高水泥浆的流动分散性，降低水泥浆的表面张力，水化过程中生成的硅酸盐相水化物晶体在混凝土表面形成憎水性薄膜，在混凝土内部能够填充水泥颗粒之间的毛细孔道，形成致密的互穿网络结构，显著提高了混凝土抵抗腐蚀介质渗入内部造成结构破坏的能力和抗渗性能。

配方 8 混凝土多功能防腐剂

原料配比

原料		配比（质量份）
A 组分：抵抗硫酸盐、碳酸盐材料		30
B 组分：抵抗氯盐材料	亚硝酸钙	20
C 组分：抗裂防渗材料		10
D 组分：抗冻融材料	松香热聚物	3
E 组分：增加强度材料		10
F 组分：提高混凝土流动性材料		17
G 组分：提高密实性材料		10
A 组分	氧化铝	50
	二氧化硅	3
	氢氧化钙	20
C 组分	聚丙烯纤维	10
	有机类膨胀剂	0.5
	硅酸钠	89.5

原料		配比（质量份）
E组分	硝酸钙	75
	氧化钙	25
F组分	萘磺酸钙	92
	葡萄糖酸钠	4
	柠檬酸	4
G组分	微硅粉	65
	超细矿粉	35

制备方法 将A组分、B组分、C组分、E组分、F组分和G组分充分混合均匀，将D组分配制成1%溶液均匀喷洒到以上混合物中，烘干、粉磨至细度达到400目，用40kg/袋包装。

原料介绍 本品中，A组分的主要成分二氧化硅、氧化铝、氢氧化钙可以与硫酸盐、碳酸盐、氢氧化钙发生化学反应生成性能稳定的水化物，在混凝土硬化过程中消耗有害盐分，阻止盐分对混凝土结构的破坏。氢氧化钙可以调整混凝土水化后的pH值，阻止氢氧化钙消耗引起的水泥水化产物的分解、破坏，同时也是硫酸盐与二氧化硅、氧化铝发生化学反应的反应物。B组分的主要成分为亚硝酸钙，亚硝酸钙可以在钢筋表面形成钝化膜，阻止钢筋的锈蚀，同时亚硝酸钙可以提高混凝土的强度。C组分的主要成分为聚丙烯纤维、有机类膨胀剂、硅酸钠，可提高混凝土抗裂、抗渗性能。D组分的组要成分是松香热聚物，添加到混凝土中可以形成均匀的微小气泡，释放混凝土受冻融产生的额应力，提高混凝土的抗冻融性能。E组分的主要成分是硝酸钙、氧化钙，可激发胶凝材料的活性，提高混凝土强度。F组分的主要成分是萘磺酸钙、葡萄糖酸钠、柠檬酸，通过在胶凝材料表面形成双电子层提高混凝土的流动性。G组分的主要成分为微硅粉、超细矿粉，通过填充提高混凝土的密实性。

产品特性 本品能够应对冻融破坏、干湿交替对混凝土的破坏，而且能够替代价格昂贵、生产污染严重的抗硫水泥，功能全面，能够抵抗土壤、地下水对混凝土的破坏，并根据使用要求进行性能调整。

配方 9　高效混凝土防腐剂

原料配比

原料	配比（质量份）		原料	配比（质量份）	
	1#	2#		1#	2#
矿粉	25.0	15.0	复合型钢筋阻锈剂	5.0	10.0
粉煤灰	15.0	10.0	三萜类皂角苷引气剂	0.00003	0.00003
硅灰	10.0	20.0	木质素磺酸盐减水剂	4.997	4.997
膨胀剂	40.0	40.0			

制备方法 将各组分原料混合均匀即可。

原料介绍 所述的矿物掺合料为矿粉、硅灰、粉煤灰中的一种或多种。

所述的减水剂为木质素磺酸盐减水剂、萘磺酸盐甲醛缩合物、氨基磺酸盐减水剂、脂肪族减水剂、聚羧酸减水剂中的任意一种。

所述的引气剂为三萜类皂角苷或十二烷基苯磺酸钠或十二烷基硫酸钠。

所述的阻锈成分由阴极型钢筋阻锈剂和阳极型钢筋阻锈剂复合，优选六偏磷酸钠与苯甲酸钠复合使用。

产品应用 本品主要用于同时受硫酸盐和氯盐严重侵蚀的混凝土，如含有硫酸盐和镁、氯离子的煤系地层、盐渍土地地区、盐湖、滨海盐田、沿海港口、海水渗入区等不良地质区域和海洋水域的钢筋混凝土结构。

所述的防腐剂掺量为胶凝材料用量的4%。

产品特性

(1) 本品不仅能提高混凝土的密实性，而且能降低可侵入混凝土中硫酸根离子的浓度并细化毛细孔的孔径，抑制氢氧化钙从水泥石中析出的速度，从而提高混凝土结构耐久性。适用于含有硫酸盐和镁、氯离子的煤系地层、硫化矿地层、滨海盐山、沿海港口等不良地质区域和海洋水域的钢筋混凝土结构。可有效地阻止或延缓混凝土结构中的盐类（硫酸盐、氯离子等）腐蚀，并能适当地改善混凝土性能。

(2) 矿物掺合料和膨胀剂可以减少盐类腐蚀应力，达到延缓石膏和钙矾石晶体生成的目的，起到抑制其膨胀破坏的作用，进而延缓硫酸盐对混凝土侵蚀破坏的速度。

(3) 减水剂能起到分散水泥的作用，改善和易性，降低水灰比，减小混凝土中自由水的比例，减小由于多余水分蒸发而留下的毛细孔体积，且孔径变细，结构致密，同时水化生成物分布均匀，减小混凝土的收缩，提高密实性，增大强度。

(4) 复合型钢筋阻锈剂可以有效延缓、抑制钢筋腐蚀的电化学过程，既能防止单独使用阳极阻锈剂掺量不足而引起的加剧腐蚀，又能提高单一使用阴极阻锈剂的阻锈效果，减小氯离了对钢筋的侵蚀，从而延长混凝土结构物的使用寿命。

(5) 引气剂所引进的气泡细小、均匀、稳定，不仅能改善混凝土的和易性，减少拌合物的离析、泌水，而且可以改善混凝土中的孔结构，减缓腐蚀介质向混凝土内的渗透，使外界腐蚀介质不易侵入混凝土内部，同时对混凝土强度无不利影响。

(6) 添加本品可以保证混凝土的施工工作性能，改善和易性、黏聚性、保水性等。此外，该品无毒无害，无污染，且有效利用了工业副产品，实现了废物利用最大化，符合当今节能环保的生产趋势。

配方 10　混凝土用防腐剂

原料配比

原料		配比（质量份）						
		1#	2#	3#	4#	5#	6#	7#
预处理酶解液		30	—	30	30	30	30	30
改性添加料		20	20	—	20	20	20	20
活化壳聚糖		20	20	20	—	20	20	20
植物精油		3	3	3	3	—	3	3
防腐组分		3	3	3	3	3	3	3
改性海泡石		5	5	5	5	5	—	5
改性纤维		5	5	5	5	5	5	—
预处理酶解液	改性海藻酸钠液	80	—	80	80	80	80	80
	酶解液	80	—	80	80	80	80	80
	10%硝酸钙溶液	8	—	8	8	8	8	8
改性添加料	(N-脒基)十二烷基丙烯酰胺	2	2	—	2	2	2	2
	甲氧基聚乙二醇	1	1	—	1	1	1	1
	对二氯苯	0.2	0.2	—	0.2	0.2	0.2	0.2
	二茂铁	0.10	0.10	—	0.10	0.10	0.10	0.10
活化壳聚糖	壳聚糖	1	1	1	—	1	1	1
	水	100	100	100	—	100	100	100
	壳聚糖酶	0.02	0.02	0.02	—	0.02	0.02	0.02
植物精油	白菊精油	1	1	1	1	—	1	1
	五味子精油	5	5	5	5	—	5	5
防腐组分	粉煤灰	20	20	20	20	20	20	20
	硅粉	10	10	10	10	10	10	10
	亚硝酸钙	5	5	5	5	5	5	5
改性海泡石	预处理海泡石	30	30	30	30	30	—	30
	马铃薯淀粉	20	20	20	20	20	—	20
	酵母	2	2	2	2	2	—	2
	水	30	30	30	30	30	—	30
改性纤维	二次处理纤维	30	30	30	30	30	30	—
	氧化石墨烯	20	20	20	20	20	20	—
	水	60	60	60	60	60	60	—
改性海藻酸钠液	海藻酸钠	1	1	1	1	1	1	1
	水	100	100	100	100	100	100	100
	多臂碳纳米管	3	3	3	3	3	3	3
	高碘酸钠	0.03	0.03	0.03	0.03	0.03	0.03	0.03
酶解液	植物蛋白	30	—	30	30	30	30	30
	内肽酶	0.5	—	0.5	0.5	0.5	0.5	0.5
	水	120	—	120	120	120	120	120
预处理海泡石	海泡石	1	1	1	1	1	—	1
	质量分数为30%的盐酸	20	20	20	20	20	—	20
二次处理纤维	一次处理纤维	30	30	30	30	30	30	—
	二沉池污泥	2	2	2	2	2	2	—
	蔗糖	2	2	2	2	2	2	—
	水	50	50	50	50	50	50	—
植物蛋白	大豆蛋白	1	1	1	1	1	1	1
	花生蛋白	3	3	3	3	3	3	3

原料		配比(质量份)						
		1#	2#	3#	4#	5#	6#	7#
内肽酶	糜蛋白酶	1	1	1	1	1	1	1
	弹性蛋白酶	2	2	2	2	2	2	2
一次处理纤维	稻壳纤维	1	1	1	1	1	1	—
	30%的盐酸	20	20	20	20	20	20	—

制备方法

(1) 按质量份计,将20~30份植物蛋白、0.3~0.5份内肽酶、100~120份水混合酶解,灭酶,得酶解液;

(2) 按质量份计,将60~80份改性海藻酸钠液、60~80份酶解液、5~8份硝酸钙溶液加热搅拌混合,得预处理酶解液;

(3) 按质量份计,将20~30份预处理酶解液、10~20份改性添加料、10~20份活化壳聚糖、2~3份植物精油、2~3份防腐组分、3~5份改性海泡石和3~5份改性纤维搅拌混合,即得混凝土防腐剂。

原料介绍 所述改性海藻酸钠液的制备过程为:将海藻酸钠与水按质量比1:(50~100)混合,静置溶胀后,加热搅拌溶解,再加入海藻酸钠质量2~3倍的多臂碳纳米管,搅拌混合,接着加入海藻酸钠质量0.02~0.03倍的高碘酸钠,加热搅拌溶解,即得改性海藻酸钠液。

所述改性添加料的制备过程为:将(N-脒基)十二烷基丙烯酰胺与甲氧基聚乙二醇按质量比(1~2):1混合,并加入甲氧基聚乙二醇质量0.1~0.2倍的对二氯苯和甲氧基聚乙二醇质量0.07~0.10倍的二茂铁,搅拌混合,即得改性添加料。

所述活化壳聚糖的制备过程为:将壳聚糖与水按质量比1:(50~100)混合,静置溶胀后,加热搅拌溶解,降温,接着加入壳聚糖质量0.01~0.02倍的壳聚糖酶,加热搅拌反应,升温灭酶,即得活化壳聚糖。

所述植物精油由白菊精油与五味子精油按质量比1:(3~5)混合配制而成。

所述防腐组分的制备过程为:按质量份计,将10~20份粉煤灰、8~10份硅粉和3~5份亚硝酸钙混合球磨,过筛,即得防腐组分。

所述改性海泡石的制备过程为:将海泡石与盐酸按质量比1:(10~20)搅拌,反应,过滤,洗涤,干燥,得预处理海泡石;按质量份计,将20~30份海泡石、10~20份淀粉、1~2份酵母、20~30份水混合发酵,干燥,粉碎,过筛,炭化,即得改性海泡石;所述淀粉为马铃薯淀粉、玉米淀粉或木薯淀粉中的任意一种。

所述改性纤维的制备过程为:将稻壳纤维与盐酸按质量比1:(10~20)搅拌混合,接着加入氢氧化钠溶液调节pH值至10.1~10.3,搅拌,反应,过滤,洗涤,干燥,得一次处理纤维;按质量份计,将20~30份一次处理纤维、1~2

份二沉池污泥、1～2 份蔗糖、30～50 份水混合发酵，过滤，洗涤，冷冻，粉碎，过筛，得二次处理纤维；按质量份计，将 20～30 份二次处理纤维、10～20 份氧化石墨烯、40～60 份水搅拌混合，接着滴加氨水调节 pH 值至 10.6～10.8，加热搅拌混合，过滤，洗涤，干燥，即得改性纤维。

产品特性

(1) 本品通过添加预处理酶解液，利用改性海藻酸钠和水解植物蛋白作为载体，可在使用过程中避免体系有效成分流失。植物蛋白分子结构中同时含有羧基和氨基，在混凝土碱性环境作用下，分子结构中羧基进一步离子化，离子化后的羧基一方面可提高载体对体系中有效成分的吸附性能；另一方面，植物蛋白分子可吸附于体系颗粒表面，羧基离子化使分子结构内部带有负电荷而相互排斥，使得体系的可塑性能和可泵性能得到提升，从而有效减少体系的坍落度损失。

(2) 本品添加了改性纤维，在制备过程中，首先将稻壳纤维与盐酸搅拌反应，利用酸腐蚀作用，使得稻壳纤维细胞间的界面结合强度下降，从而提升了纤维的渗透性能，接着加入氢氧化钠溶液，利用碱的腐蚀作用，进一步降低纤维细胞间的界面结合强度，使得水分更易进入纤维细胞中，经过冷冻，纤维细胞内部形成冰晶，再经过石磨球磨，纤维细胞破裂分散成微纳米级的纤维晶须，接着，将二次处理纤维、氧化石墨烯和水在碱性条件下混合，碱性物质使得氧化石墨烯边沿上的羧基离子化，使得氧化石墨烯能够良好地分散在体系中，氧化石墨烯表面的活性羟基能够吸附微纳米级纤维晶须，从而使得改性纤维能够良好地分散在体系中。在使用过程中由于改性纤维能够良好地分散在体系中，均匀分散的纤维晶须使得体系受到的力同样能够均匀分散，从而使得体系的力学性能得到提升。

(3) 本品添加了改性添加料，有效成分中分子结构为具有双亲性能的嵌段共聚物，该嵌段共聚物可自组装形成囊泡结构，在使用过程中，体系中产生的二氧化碳可与该嵌段共聚物中的脒基团反应，而使脒基团带上电荷，由于同种电荷相互排斥使囊泡结构内部体积增大，起到填充体系中空隙的作用，使得体系的致密度得到提升，有效防止外界腐蚀性介质渗透到体系中，使得体系的耐久性能得到提升。

(4) 使用本品后混凝土具有优异的力学性能和耐久性能，且坍落度损失减小，工作性能得到提升。

配方 11　混凝土复合防腐剂

原料配比

原料		配比（质量份）		
		1#	2#	3#
活性矿物掺合料	超细粉煤灰	10	—	—
	超细硅粉	—	20	—
	超细矿渣粉	—	—	30

原料		配比(质量份)		
		1#	2#	3#
高效减水剂	聚羧酸高效减水剂	5	—	—
	氨基磺酸高效减水剂	—	7	—
	萘系高效减水剂	—	—	10
微膨胀组分	AEA 膨胀剂	10	—	—
	UEA 膨胀剂	—	25	—
	生石膏	—	—	30
填充料组分	超细轻钙	1	—	—
	超细重钙	—	4	5
消泡剂		0.1	0.1	0.3
引气组分	十二烷基硫酸钠	0.1	—	—
	十二烷基苯磺酸钠	—	0.1	0.2
防腐阻锈组分	六偏磷酸钠	10	15	20

制备方法 将各组分原料混合均匀即可。

产品应用 本品是一种可提高混凝土抗氯盐、硫酸盐等离子侵蚀,抗冻融破坏以及提高混凝土和易性、密实性、抗渗性、防水性、抗缩性及强度等作用的高效复合防腐剂。

产品特性

(1) 本品具有水胶比低、收缩率比低、对钢筋无锈蚀危害、抗压强度比及弯拉强度比高、能有效阻止有害物质(如氯盐、硫酸盐等)的侵蚀等特点。

(2) 本品可以大幅提高混凝土的和易性、密实性、抗渗性、防水性、抗缩性及强度,降低混凝土水胶比,改善混凝土微观结构,阻断有害物质侵入通道,保护钢筋不锈蚀,从而全面提高混凝土抗腐蚀耐久性。

配方 12 混凝土抗硫酸盐类侵蚀防腐剂

原料配比

原料		配比(质量份)			
		1#	2#	3#	4#
密实组分		79.5	79.6	79.7	89.5
防腐组分		20	20	20	10
增强组分		0.5	0.4	0.3	0.5
密实组分	CaO	67.5	66.1	65.6	65.8
	SiO_2	21	21.1	21.3	20.0
	Al_2O_3	4.6	5.2	6.3	6.1
	Fe_2O_3	4.1	5.3	3.8	5.3
	MgO	1.6	1.3	1.4	1.1
	Na_2O	1.2	1.0	1.6	1.7
防腐组分	CaO	0.4	0.7	0.9	0.4
	SiO_2	96.0	95.0	95.9	95.7
	Al_2O_3	1.2	1.9	0.8	1.6
	Fe_2O_3	1.6	1.6	1.9	1.6
	MgO	0.8	0.8	0.5	0.7

制备方法

（1）按照所述混凝土抗硫酸盐类侵蚀防腐剂的配比准备密实组分、防腐组分和增强组分；

（2）在干粉搅拌器中加入准备的所述密实组分、防腐组分和增强组分，调节干粉搅拌器的速度，先慢搅 15min，然后快搅 10min，搅拌均匀，得到所述混凝土抗硫酸盐类侵蚀防腐剂。

原料介绍　所述增强组分为葡萄糖酸钠。

所述密实组分为硅酸盐矿物。

所述防腐组分的化学成分为 CaO、SiO_2、Al_2O_3、Fe_2O_3 和 MgO 的混合物。

本防腐剂各组分之间协同作用，使混凝土体系更加密实，不仅对硫酸盐类的腐蚀性介质有较好的抗侵蚀效果，而且能有效地抑制其他有腐蚀性的物质。防腐剂各组分机理如下：

密实组分：硅酸盐矿物组分主要起分散作用，使混凝土抗硫酸盐类侵蚀防腐剂与胶凝材料具有较好的匀质性；

防腐组分：该组分不仅可以与水泥的水化产物 $Ca(OH)_2$ 发生二次水化反应，生成胶凝物质，填充水泥石的孔隙，改善浆体的微观结构，进一步提高硬化体的力学性能和化学性能，而且可以延长砼结构的使用寿命，特别是对硫酸盐环境或氯盐环境的构造物效果明显；

增强组分：葡萄糖酸钠具有良好的分散性以及优良的缓凝效果，在体系中加入一定量的葡萄糖酸钠不仅能够使防腐剂的组分进行良好的分散，而且能够通过适当延长凝结时间从而增强防腐剂的作用效果。

三种机制共同作用，提高了混凝土抗渗、耐腐蚀性能。

产品应用　本品主要用于受环境侵蚀的海港、水利、污水、地下、隧道、引水、道路、桥梁、工业和民用建筑等工程。

将混凝土抗硫酸盐类侵蚀防腐剂添加至硅酸盐类水泥砂浆或混凝土中，使用量为混凝土胶凝材料质量的 10%。

产品特性

（1）本品三个组分协同作用，一方面可使混凝土体系更加密实，使侵蚀离子难以渗透到混凝土内部，另一方面可改善浆体的微观结构，提高水泥混凝土的力学性能和耐久性，并进一步降低成本，提高经济效益和社会效益。

（2）本防腐剂各组分选料比较简单，不会对混凝土的实际使用性能造成影响，并且能够有效阻挡混凝土被硫酸盐侵蚀，使用效果非常好。

配方 13 混凝土抗硫酸盐侵蚀的防腐剂

原料配比

原料		配比（质量份）			
		1#	2#	3#	4#
石灰石粉		20	15	20	20
粒化高炉矿渣		20	30	30	15
铝硅酸盐矿物		10	5	10	10
锂渣粉		15	20	20	10
模数为2.5的水玻璃		5	5	8	4
高性能膨胀剂		8	8	6	8
吸水性树脂	聚乙烯醇系	4	4	5	4
钡盐	氢氧化钡	6	6	8	6
引气剂	三萜类皂角苷	0.003	0.005	0.006	0.004

制备方法

（1）将石灰石粉、粒化高炉矿渣、铝硅酸盐矿物、锂渣粉按比例依次加入球磨机中磨至所要求的细度；

（2）按比例加入水玻璃、高性能膨胀剂、吸水性树脂、钡盐和引气剂，混合均匀后继续研磨至 450m²/kg；

（3）将制备好的防腐剂冷却至室温后装袋封存。

原料介绍 所述铝硅酸盐矿物为长石粉、高岭土中的一种或组合。铝硅酸盐矿物的细度大于 450m²/kg。

所述膨胀剂为硫铝酸钙-氧化钙类复合膨胀剂。

所述吸水性树脂为聚丙烯酸系或聚乙烯醇系或聚氧乙烯系的合成聚合物系。

所述引气剂为三萜类皂角苷、松香树脂类的一种或组合。

所述石灰石粉的细度大于 2500m²/kg。

所述粒化高炉矿渣的细度大于 600m²/kg。

所述锂渣粉为提炼锂盐的固体废弃物磨细而成，具有一定火山灰活性，其细度大于 450m²/kg。

产品应用 本品掺量为混凝土胶凝材料总质量的 8%～12%。

产品特性

（1）本品可有效阻止或延缓硫酸盐对混凝土的腐蚀，作用持久，效果明显，生产简易，价格低廉，材料无毒无害，绿色环保。

（2）本品所选用的石灰石粉、粒化高炉矿渣、锂渣粉均为工业废料，属于废物的再利用，其他材料对环境均无毒害作用，所配制而成的防腐剂为绿色环保产品。此外，本品能有效阻止石膏结晶膨胀破坏、钙矾石结晶膨胀破坏以及碳硫硅钙石结晶破坏，从而提高混凝土结构耐久性。

配方 14　混凝土抗硫酸盐侵蚀防腐剂

原料配比

原料		配比(质量份)				
		1#	2#	3#	4#	5#
超细矿粉		80	60	40	35	17.5
硫铝酸盐水泥熟料		10	20	40	35	52.5
硬石膏		10	20	20	30	30
超细矿粉	氧化钙	3~4.5	3~4.5	3~4.5	3~4.5	3~4.5
	氧化铝	0.5~1.5	0.5~1.5	0.5~1.5	0.5~1.5	0.5~1.5
	氧化硅	2~4.5	2~4.5	2~4.5	2~4.5	2~4.5

制备方法　将硬石膏磨细至≥$300m^2/kg$,然后将符合要求的三种原材料按配比准确称量,机械混合均匀即可。

原料介绍　所述超细矿粉为钢铁厂冶炼钢铁的工业废物,经过加工厂磨细后制成超细矿粉成品,无需再按照氧化物形式制备,主要组分为氧化钙、氧化硅、氧化铝,超细矿粉的比表面积≥$600m^2/kg$;超细矿粉主要组分按质量份的配比为:氧化钙 3~4.5 份,氧化铝 0.5~1.5 份,氧化硅 2~4.5 份。

所述硫铝酸盐水泥熟料比表面积≥$300m^2/kg$,是以无水硫铝酸钙和硅酸二钙为主要成分的水泥熟料。

所述的硬石膏比表面积≥$300m^2/kg$。

产品特性

(1) 本品可以与普通硅酸盐水泥、矿渣硅酸盐水泥、火山灰质硅酸盐水泥、粉煤灰硅酸盐水泥、复合硅酸盐水泥等水泥混合制备抗硫酸盐混凝土。本品原料容易获得,仅由三种原材料组成,制作工艺简单,可操作性强,磨细达到要求的细度并经机械混合即可投入使用。可以提高混凝土的抗硫酸盐侵蚀性能。

(2) 本品为无机盐类及矿物氧化物,无毒无害,对环境无不良影响。此外,本品加入混凝土中可以显著改善混凝土的技术指标和经济指标,降低混凝土构件的后续维护成本,还具有较好的工作性,抗氯离子侵蚀、抗碳化性能较好,体积收缩较小,可满足配制高性能混凝土的要求。

配方 15　混凝土抗硫酸盐侵蚀用防腐剂

原料配比

原料		配比(质量份)					
		1#	2#	3#	4#	5#	6#
矿物掺合料	选矿尾渣	15	20	25	30	—	40
	硅藻土	15	20	25	30	40	—
钡盐		50	40	30	20	47	22.5
柠檬酸盐		14.5	13	11	10	20	30
水玻璃		5	6.5	8.5	9.9	6.5	6.5
引气剂		0.5	0.5	0.5	0.1	0.5	1

制备方法 将矿物掺合料、水玻璃、钡盐、柠檬酸盐和引气剂按比例均匀混合，并将混合物置于研磨机中研磨，至研磨粉末比表面积达到 400m²/kg 以上后装袋密封。

原料介绍 所述磨细矿物掺合料选自选矿尾渣或硅藻土中的任意一种或两种的组合。其中选矿尾渣可包含冶金工业中各类金属的选矿尾渣，所述的选矿尾渣选自铁矿、铬矿、锰矿、铜矿和钡矿的尾渣。

所述磨细矿物掺合料细度大于 450m²/kg。

所述水玻璃为固态水玻璃，其模数范围为 2.0～3.5。

所述钡盐为硅酸钡、磷酸钡、偏磷酸钡和碳酸钡中任意一种或两种的组合。

所述柠檬酸盐为柠檬酸钙和/或柠檬酸钠。

所述引气剂为固态粉末状引气剂，选自松香树脂类、烷基苯磺酸盐类和脂肪醇磺酸盐类。

产品应用 本品是一种混凝土抗硫酸盐侵蚀防腐剂，其掺量为混凝土胶凝材料总质量的 5%～15%。

产品特性

(1) 采用硅藻土或选矿尾渣作为矿物添加剂，可提高混凝土自身的密实度；引气剂改善了混凝土的孔隙结构，抑制了硫酸根离子在混凝土内部的扩散，钡盐将扩散进入混凝土的硫酸根离子固化，进一步阻碍了硫酸根离子在混凝土内的传输。

(2) 本品具有很好的抗硫酸盐侵蚀的效果，使用本防腐剂，混凝土抗硫酸盐侵蚀系数可达 0.85 以上，混凝土的抗硫酸盐侵蚀性能得到了明显提高，具有很好的实用性。

配方 16　混凝土流变防腐剂

原料配比

原料	配比(质量份)					
	1#	2#	3#	4#	5#	6#
粉煤灰	50	50	55	55	60	60
硅微粉	20	5	15	10	10	5
石灰石粉	5	15	10	15	5	10
偏高岭土	15	20	10	15	20	10
硅灰	10	10	10	5	5	15

制备方法 将粉煤灰、硅微粉、石灰石粉、偏高岭土、硅灰按比例放入搅拌设备中，搅拌均匀，得产品。

原料介绍 所述粉煤灰是从煤燃烧后的烟气中收集下来的细灰，是Ⅰ级粉煤灰，比表面积大于 1000m²/kg，需水量比小于 90%。

所述硅微粉由纯净石英粉经先进的超细磨工艺流程加工而成，比表面积大于

$1000\mathrm{m}^2/\mathrm{kg}$。

所述石灰石粉由石灰石经粉磨而成，碳酸钙含量大于 80％，比表面积大于 $1000\mathrm{m}^2/\mathrm{kg}$。

所述偏高岭土是由高岭土在适当温度下（600～900℃）经煅烧、脱水形成的白色粉末状无水硅酸铝，氧化铝含量大于 42％，二氧化硅含量小于 54％，比表面积大于 $15000\mathrm{m}^2/\mathrm{kg}$。

所述硅灰是铁合金在冶炼硅铁和工业硅时产生的 SiO_2 和 Si 气体经氧化、冷凝、沉淀而成的超细硅质粉体材料，二氧化硅含量大于 90％，比表面积大于 $15000\mathrm{m}^2/\mathrm{kg}$。

产品应用 本品掺量为混凝土胶凝材料总质量的 5％～15％。

产品特性

（1）本品制备方法简单，可显著提高混凝土的流变性能，同时大幅度提高混凝土的抗硫酸盐侵蚀性能和抗氯离子渗透性能。

（2）本品可使混凝土的倒置坍落度筒排空时间降低 50％，混凝土抗压强度、耐蚀系数提高 30％，抗氯离子渗透性能提高 30％，解决混凝土在盐类腐蚀环境下的应用问题。其组分为矿物外加剂，在混凝土中应用时与减水剂适应性好。

配方 17　混凝土外加剂用防腐剂

原料配比

原料			配比（质量份）			
			1#	2#	3#	4#
溶液 A	中间体活性组分	乙酸	6	—	—	—
		磷酸	—	8	8	—
		酒石酸	—	—	—	12
	水		42	45	83	50
溶液 B	防析出组分	三苯乙基酚聚氧乙烯醚	9	—	—	—
		脂肪醇聚氧乙烯醚	—	13	—	—
		苯乙基酚聚氧丙烯聚氧乙烯醚	—	—	—	11
	水		32	38	—	35
杀菌组分	N-环丙基-N'-(1,1-二甲基乙基)-6-(甲硫基)-1,3,5-三嗪-2,4-二胺		15	—	—	—
	2,2-二溴-3-氰(腈)基丙酰胺		—	12	12	18
水			108	105	105	115
抑菌组分	2-正辛基-4-异噻唑啉-3-酮		13	15	15	—
	5-氯-2-甲基-4-异噻唑啉-3-酮		—	—	—	18

制备方法

（1）将中间体活性组分和水配成溶液 A；

（2）将防析出组分与水配成溶液 B；

（3）将杀菌组分和水加入反应釜中，调节温度至 80～90℃，搅拌溶解；

（4）将抑菌组分掺到反应釜中；

（5）匀速滴加溶液 A 和溶液 B，溶液 A 滴加时间 1～2h，溶液 B 滴加时间 2～3h，溶液 B 在溶液 A 滴完后开始滴加，待溶液 B 滴加结束后，恒温反应 1～2h，即得混凝土外加剂用防腐剂。

原料介绍　所述杀菌组分为 2,2-二溴-3-氰（腈）基丙酰胺，N-环丙基-N′-(1,1-二甲基乙基)-6-(甲硫基)-1,3,5-三嗪-2,4-二胺，双癸基二甲基氯化铵，2-溴-2-硝基-1,3-丙二醇，十二烷基二甲基苄基氯化铵中的一种或一种以上以任意比例形成的混合物。

所述中间体活性组分为磷酸、柠檬酸、酒石酸、乙酸中一种或一种以上以任意比例形成的混合物。

所述抑菌组分为 5-氯-2-甲基-4-异噻唑啉-3-酮，碘代丙炔基氨基甲酸酯，2-正辛基-4-异噻唑啉-3-酮，2-甲基-4,5-亚丙基-4-异噻唑啉-3-酮，4,5-二氯-2-正辛基-4-异噻唑啉-3-酮，四羟甲基硫酸磷中的一种或一种以上以任意比例形成的混合物。

所述防析出组分为壬基酚聚氧乙烯醚，烷基酚聚氧乙烯聚氧丙烯醚，苯乙基酚聚氧丙烯聚氧乙烯醚，三苯乙基酚聚氧乙烯醚，脂肪醇聚氧乙烯醚，油酸聚氧乙烯酯，失水山梨醇脂肪酸酯，二甲基硅油中一种或一种以上以任意比例形成的混合物。

产品特性

（1）本品在混凝土外加剂中掺量少，掺到减水剂、保坍剂、湿拌砂浆添加剂等液体外加剂中，不会分层析出，与混凝土外加剂相容性好，防腐、防霉变效果好。当混凝土外加剂 pH 值为 2～7 时，本品杀菌效果最佳。本品在混凝土中会自然降解，对环境没有不良影响。

（2）本品含有防析出组分，防析出组分是一种很好的乳化剂，对混凝土有增稠、防止离析作用，使混凝土浆体变得柔软，在不影响混凝土施工的前提下提高混凝土强度。在后续使用时，对混凝土也有很好的促进作用，混凝土浆体多，柔软、和易性均得到提高。

配方 18　火山灰混凝土专用防腐剂

原料配比

原料	配比（质量份）		原料	配比（质量份）	
	1#	2#		1#	2#
硅灰	100	100	可再分散乳胶粉	1.0	2
粉煤灰	20	5	聚乙烯醇（固体）	1.0	1
羧甲基纤维素钠	1.0	1	三异丙醇胺（固体）	0.3	0.5
减水剂（固体）	1.2	2			

制备方法　将各组分混合均匀即可。

原料介绍 所述硅灰为铁合金厂在冶炼硅铁和工业硅、金属硅过程中，由热电炉产生的大量挥发性 SiO_2 和 Si 气体经氧化、冷凝、沉淀后的产物，其比表面积$\geq 20000m^2/kg$，活性指数$\geq 95\%$；

所述粉煤灰为电厂从烟道气体中收集的细灰，其品质为Ⅰ级；

所述羧甲基纤维素钠为固体粉末，纯度为工业级；

所述减水剂为固体的萘系、蜜胺系或聚羧酸系减水剂，其减水率$\geq 20\%$；

所述可再分散乳胶粉可以为乙烯/乙酸乙烯酯的共聚物、乙酸乙烯/叔碳酸乙烯共聚物、丙烯酸共聚物及其混合物中的一种；

所述聚乙烯醇为固体粉末，纯度为工业级；

所述三异丙醇胺呈固体状态，纯度为工业级，细度需$\leq 10\mu m$。

产品应用 本品主要用于大掺量火山灰的公路、铁路、水电等混凝土工程中，也可用于大掺量火山灰的碎石混合料、水泥土、砂浆、灌浆料、锚杆等工程。

产品特性

(1) 本品中掺有一定量的三异丙醇胺，三异丙醇胺为混凝土早强剂，和硫酸盐、氯盐类早强剂相比，三异丙醇胺具有对外加剂适应性好、早强性能稳定、不影响凝结时间、不影响耐久性等优点，可有效提高掺火山灰混凝土的早期强度，并可提高混凝土的耐久性。

(2) 本品可以显著地提高混凝土抗硫酸镁侵蚀性能，所需原料天然无污染，符合可持续发展战略，同时制作工艺简单，成本低，可广泛推广。

配方 19　加气混凝土钢筋防腐剂

原料配比

原料	配比（质量份）	原料	配比（质量份）
氧化镁含量为80%～85%的轻烧镁	100	硼砂	3
二级粉煤灰	40～50	水	50（体积份）
磷酸二氢钾	65		

制备方法

(1) 称取氧化镁含量为80%～85%的轻烧镁在1300℃高温下煅烧3h后研磨成比表面积为2000～3000cm²/g的氧化镁粉末；

(2) 称取粉煤灰，与步骤 (1) 得到的氧化镁粉末混合，搅拌均匀；

(3) 称取磷酸二氢钾、硼砂溶于水中；

(4) 将步骤 (2) 得到的粉末混合物加入步骤 (3) 得到的溶液中，搅拌均匀，即为加气混凝土钢筋防腐剂。

产品特性 该品使用安全方便，可喷涂、可刷涂，具有防腐、与混凝土结合牢固、配方简单、低成本、便于运输的优点。

配方 20 矿物基海工混凝土用防腐剂

原料配比

原料	配比(质量份)				原料	配比(质量份)			
	1#	2#	3#	4#		1#	2#	3#	4#
蒙脱石	5	10	5	8	海泡石	20	15	10	15
硅藻土	60	60	40	50	硅灰石	15	15	5	10

制备方法 将各组分加入水泥净浆搅拌机，慢速混合上述粉体材料 3min 至均匀，备用。

产品应用 制备矿物基海工混凝土包括以下步骤：

(1) 按海工混凝土中胶凝材料质量分数的 5%～20% 称取防腐剂，备用；

(2) 按照常规海工混凝土配比，将砂、石料在混凝土搅拌机中搅拌 2min，得到骨料；

(3) 在混凝土搅拌机中加入胶凝材料和防腐剂，混合搅拌 3min，得到海工混凝土干混料；

(4) 搅拌海工混凝土干混料，同时将拌合水的四分之三在 30s 内加入海工混凝土干混料中，继续搅拌 2min；

(5) 将减水剂融入剩余四分之一的拌和水中，得到混合液体；

(6) 搅拌 (4) 中得到的海工混凝土干混料，同时将步骤 (5) 制备的混合液体在 10s 内加入海工混凝土干混料中，继续搅拌 2min；

(7) 浇筑于模具中，将模具放置在振动台上振动 10s；

(8) 放置在混凝土标准箱中养护 24h，脱模，即得到掺有防腐剂的矿物基海工混凝土。

产品特性

(1) 本品制备工艺简单，操作方便，且成本低廉，适合大规模推广应用。对促进海洋环境基础设施建设具有重要应用价值。

(2) 本品利用蒙脱石吸水特性降低海工混凝土胶凝材料的有效水胶比，加速反应，促进凝结、硬化。利用硅藻土较大的比表面积、丰富的孔道结构可以提供快速的传质通道，其高含量、高活性无定形 SiO_2 与混凝土中胶凝材料相互作用，改变 Si/Al、Ca/Si，生产高稳定性、高强度的 C—S—H 凝胶，影响水化产物的形成与转变，降低胶凝体系孔隙率，优化孔结构，促进密实度。利用海泡石、硅灰石的微纤维形态与水泥水化产物相互搭接，有效促进密实度，改善微裂纹的形成与发展，形成无规律的网状结构，从而使结构更密实，可有效阻止裂纹扩展，提高抗折强度。基于上述矿物材料的协同作用，实现快凝、早强、不开裂、抗渗透，阻止 Cl^-、SO_4^{2-}、CO_3^{2-} 的传输与扩散，改善混凝土海水服役条件下抗蚀性能。

配方 21　水泥基材料用防水型防腐剂

原料配比

原料		配比(质量份)		原料		配比(质量份)	
		1#	2#			1#	2#
防水组分	硬脂酸	6.9	—	防腐组分	苯甲酸钠	15	15
	甲基硅酸钠	—	20		柠檬酸钠	5	5
	硅酸钠	—	10		六偏磷酸钠	10	10
	油酸丁酯	20.7	—	分散剂	木质素磺酸盐	8	8
	硬脂酸甘油酯	2.4	—	水		32	32

制备方法　将水恒温至 60℃，加入防水组分，搅拌 20min，待溶液澄清透明、不分层后，加入防腐组分，继续搅拌 10min 至完全溶解，最后加入分散剂，持续搅拌 2min 即可。

产品应用　本品掺量为水泥基材料质量的 0.5%～1.0%。

产品特性

(1) 掺入本品后水泥基材料整体形成了一道有效的立体憎水膜，同时，也解决了一般内掺式防水剂不能隔绝基体与侵蚀介质发生腐蚀反应的问题，真正隔绝了外界有害介质的侵入，保证了长期防腐效果。

(2) 本品配方简单合理，环保清洁，施工操作简便，兼具防水和防腐功能，能显著提升混凝土建筑物的耐侵蚀能力，尤其是地下现浇的混凝土建筑物的耐侵蚀能力。

配方 22　水泥基材料用抗硫酸盐防腐剂

原料配比

原料	配比(质量份)				原料	配比(质量份)			
	1#	2#	3#	4#		1#	2#	3#	4#
偏高岭土(MK)	84	60	60	80	碳酸锂	1	0.1	0.6	1.2
硬脂酸钙	5	3.4	3.2	6.4	粉煤灰	—	30	30	—
碳酸钡	10	2.5	6.2	12.4					

制备方法　将 MK 磨细至比表面积≥2500m²/kg，然后将符合要求的原材料按配比准确称量、加入容器内，机械混合均匀即可。

原料介绍　所述粉煤灰比表面积≥600m²/kg。

所述偏高岭土由高岭土经 600～800℃ 煅烧而成，主要组分为无定形硅酸盐，比表面积≥2500m²/kg，其 28d 火山灰活性指数在 110% 以上。

本品中偏高岭土（MK）的粒径比水泥颗粒的粒径要小得多，能够充填部分孔隙，提高浆体内部颗粒堆积密度，限制 $Ca(OH)_2$、C—S—H 凝胶的生长空间，堵塞连通孔通道，提高混凝土密实性。MK 可通过晶核效应促进水泥早期水化，从而降低早期浆体孔隙率并细化孔径。MK 可与水泥水化产生的 $Ca(OH)_2$ 反应生成 C—S—H 凝胶，进一步密实混凝土结构。MK 取代部分水泥熟料，对水泥中 $3CaO \cdot Al_2O_3$ 矿物的总含量有一定的稀释作用，从而减少钙矾石等膨胀性产物的产生，增强混凝土对硫酸盐的抵抗能力。水泥石水化产物中最易受硫酸盐侵蚀的 $Ca(OH)_2$ 的量随着 MK 发生二次反应被大量消耗，延迟性钙矾石的生成与存在的难度增加。

碳酸钡（$BaCO_3$）能够与侵入水泥石中的 SO_4^{2-} 反应，生成最不容易分解的 $BaSO_4$，更进一步地增加了混凝土的密实度也避免了延迟性钙矾石和 $CaSO_4$ 的生成。

碳酸锂（Li_2CO_3）能够与水泥水化产物单硫型硫铝酸钙反应生成单碳型水化碳铝酸钙，促进水泥中含 Al 相向低膨胀性产物转变。同时 Li_2CO_3 又是一种可溶性碳酸盐，从钙矾石中解离出来的 CaO 很容易与 Li_2CO_3 反应形成溶解度低的 $CaCO_3$，从而导致钙矾石逐渐被分解抑制水泥中钙矾石的生成，进而提高水泥石的抗硫酸盐侵蚀性能。

硬脂酸钙吸附在水泥颗粒表面形成一层憎水性薄膜，侵入水泥石中的硫酸盐与水泥的水化产物反应难度增加。

产品应用　本品在水泥基胶凝材料中的用量为 7%～13%。

产品特性

(1) 本品原料容易获得，仅由简单原材料组成，制作工艺简单，可操作性强。

(2) 本产品由盐类及矿物掺合料组成，无毒无害，对环境无不良影响。此外，本品可增加混凝土早期强度，加速水泥凝结、硬化，提高混凝土抗氯离子侵蚀、抗碳化、抗干湿循环能力。防腐剂加入混凝土中对新拌混凝土的和易性无不利影响，可以显著改善混凝土的技术指标和经济指标，降低混凝土构件的后续维护成本。

配方 23　水泥砂浆、混凝土防水防腐剂

原料配比

原料		配比（质量份）			
		1#	2#	3#	4#
硬脂酸		30	33	37	40
油酸		20	26	20	25
聚乙烯醇		5	3	4	3
表面活性剂	单硬脂酸甘油酯	40	33	—	15
	斯盘-80	—	—	35	15
氢氧化钠		2	3	3	2
防腐缓蚀剂	磷酸盐	3	2	1	1

制备方法

（1）配制氢氧化钠溶液。

（2）混合硬脂酸、油酸和聚乙烯醇，然后加热至 $100\sim130℃$，得混合液。

（3）把所述氢氧化钠溶液加入所述混合液中，保温反应，再加入表面活性剂和防腐缓蚀剂，继续反应，然后停止加热，冷却即得。所述保温反应的温度为 $100\sim150℃$，时间为 $60\sim90min$。所述继续反应的时间为 $45\sim60min$。

原料介绍 所述氢氧化钠溶液的浓度为 $20\%\sim30\%$。

产品应用 本品主要用于水利、电力、机场、港口、码头、跨海大桥桥墩、涵洞、矿井等工程中的砂浆、混凝土地下防水工程，也用于水池、水塔、卫生间、外墙、屋面、地下室墙面、地面的砂浆、混凝土防水施工。

产品特性

（1）该防水防腐剂应用到水泥砂浆、混凝土中时，具有防水、防腐性能优良，结构坚固，使用寿命长，施工简单方便，生产周期短，成本低等优点，且本品可以制备成粉剂，易于运输和保存。

（2）本品与水泥、砂子、碎石一起混合，加水搅拌成砂浆、混凝土的过程中，憎水性高分子化合物在水和表面活性剂作用下，通过拌和机拌合，能很快在水中分散、溶解，均匀分布在砂浆、混凝土中，与水泥发生水合反应，生成特殊的结晶体。砂浆、混凝土凝固后能高度密封砂浆、混凝土内部结构，形成严密的防水、防腐层，自动切断或者堵住水泥的毛细孔，实现"反毛细管效应"——砂浆、混凝土中的水分可以向外蒸发，但是外面的水分子和有害介质不能进入砂浆、混凝土内部，从而有效地阻止了水分和有害介质侵入，使砂浆、混凝土整体具有永久的防水、防腐、防潮和防海水氯离子侵入等性能。

（3）本品在酸性、碱性和海水介质中防水、防腐性能优良，同时有一定的减水效果。

配方 24 用于聚羧酸减水剂的防腐剂

原料配比

原料	配比（质量份）									
	1#	2#	3#	4#	5#	6#	7#	8#	9#	10#
尼泊金甲酯钠	50	65	30	30	5	96	73	50	50	25
尼泊金乙酯钠	20	15	10	10	92	1	15	38	15	15
尼泊金丙酯钠	10	5	30	30	1	1	5	5	25	25
尼泊金丁酯钠	15	5	20	20	1	1	5	5	5	25
苯甲酸钠	5	10	—	4	1	—	1	1.6	3	10
山梨酸钾	—	—	10	6	—	1	1	0.4	2	—

制备方法 将上述原料混合均匀，得到用于聚羧酸减水剂的防腐剂。

产品应用 本品掺加量占聚羧酸减水剂产品固体含量的 $0.05\%\sim0.5\%$。

产品特性 本品有效地解决了聚羧酸减水剂产品的保质、防腐问题,可延长聚羧酸减水剂的保质期,可以使其保持6个月不变质。本品对人、环境无害,绿色环保。

配方 25 用作混凝土外加剂的防腐剂

原料配比

原料		配比(质量份)		
		1#	2#	3#
硫色满酮		35	45	42
三萜类化合物	甘草次酸	10	10	12
硼砂		30	25	31
纤维素	羟丙基甲基纤维素	25	20	—
	羟乙基纤维素	—	—	15

制备方法 将各组分原料混合均匀即可。

产品特性 本品能够有效地抑制并迅速地杀灭革兰氏阳性菌、革兰氏阴性菌、霉菌、酵母菌等微生物;在较宽的pH值范围内稳定、有效;具有优异的物理和化学相容性,不会在容器中变色;可生物降解,对环境无不良影响。另外,本品不含矿物油和对人体有害的亚硝酸盐、铬酸盐等,同时具有良好的施工性能。

配方 26 预应力管桩端头板水泥基防腐剂

原料配比

原料		配比(质量份)
聚合物水溶液		0.25
专用粉料		1
聚合物水溶液	三元共聚乳液	1(体积份)
	水	2(体积份)
专用粉料	普通硅酸盐水泥	45
	细砂	35
	氧化铁颜料	30
	纤维素醚(占水泥用量的质量分数)	0.2～0.4

制备方法 将各组分原料混合均匀即可。

原料介绍 所述砂的粒径宜在100～200目,纤维素醚采用甲基纤维素醚。

产品应用 本品是一种预应力管桩端头板水泥基防腐剂。

使用本品的步骤为基层清理→防腐剂配制→防腐剂施工→静置养护。具体如下:

(1)基层清理:将端头板上的浮尘、残渣、油渍等清理干净,清除松动的铁锈;

(2)水泥基防腐剂配制:按照所述配方混合配制;

（3）水泥基防腐剂施工：将配制好的水泥基防腐剂采用喷枪或刷子施工，厚度为 0.8～1mm；

（4）养护：施工完毕后，静置养护 24h，然后才能进行后续的管桩制作工艺（钢筋笼组装、张拉预应力、布料、离心、蒸压等）。

产品特性

（1）该防腐剂在端头板制作过程中就能对端头板进行防腐处理，使用方便，与建筑同寿命，成本低廉。

（2）本品是一种在高温高压条件下不脱落、防腐性好、使用寿命长、成本低廉的预应力管桩端头板水泥基防腐剂，适合大规模推广应用。

3 金属防腐剂

配方 1 不锈钢清洗防腐剂

原料配比

原料		配比(质量份)						
		1#	2#	3#	4#	5#	6#	7#
缓蚀剂	聚天冬氨酸	3	3	3	—	—	—	2
	六偏磷酸钠	—	—	—	3	3	3	2
	油酸咪唑啉	5	7	7	7	7	7	7
	钨酸钠	2	2	—	—	—	—	—
	HEDP(羟基亚乙基二膦酸)	—	—	2	2	2	2	2
	柠檬酸钠	3	3	—	—	—	2	2
	葡萄糖酸钠	—	—	3	3	—	—	—
	木质素	—	—	—	—	3	—	—
表面活性剂	吐温-80	0.5	0.5	1	1	1	1	1
无水乙醇		30	30	30	30	30	30	30
水		56.5	54.5	54	54	54	54	52

制备方法 室温环境下,先将油酸咪唑啉与吐温-80混合,加入溶剂无水乙醇,充分搅拌,使油酸咪唑啉分散均匀,加入水,继续搅拌;然后加入聚天冬氨酸、钨酸钠、柠檬酸钠、葡萄糖酸钠、木质素、六偏磷酸钠、HEDP中的一种或者几种,充分搅拌,得到分散性良好的溶剂产品。

原料介绍 本品使用的吐温-80为非离子型表面活性剂,表面活性强,配伍性好,结构稳定,无毒,无刺激性;缓蚀剂油酸咪唑啉无毒、高生物降解性,对皮肤和眼睛无刺激性,被广泛用作清洗剂与缓蚀剂;聚天冬氨酸是聚氨基酸中的一类,其结构主链上的肽键易受微生物等作用而断裂,最终降解产物对环境无害,是近年来最环保的一种绿色缓蚀剂;柠檬酸钠、葡萄糖酸钠都是天然环保型缓蚀剂,一方面可以清洗不锈钢表面的锈渍与油污,另一方面与钨酸钠/HEDP等复配使用具有协同效果,更快速地形成致密性氧化膜,达到防腐的目的。

产品特性

(1) 本品不仅可以清洗电芯外壳上残留的电解液,而且可以在不锈钢表面快速成膜,防止不锈钢外壳继续被空气中水分子或HF再次腐蚀。

(2) 本品使用的溶剂为无水乙醇、水,可以快速溶解不锈钢上残留的电解液,达到清洁电芯外壳的目的。

配方 2 粉末冶金用防腐剂

原料配比

原料		配比(质量份)				
		1#	2#	3#	4#	5#
混合物 A	膨润土	3	5	6	6	6
	氢氧化铝	1	2	4	4	4
	三乙基硅烷	2	4	5	5	5
	双酚 A 型环氧树脂	1	3	5	5	5
	乙醇溶液	20	26	40	40	40
	氯化聚乙烯	—	—	—	0.1~0.6	0.1~0.6
混合物 B	焦亚硫酸钠	2	6	7	7	7
	氮基三亚甲基磷酸	1	3	6	6	6
	硼酸钠	3	7	8	8	8
	碳化硅粉末	3	4	5	5	5
	乳化硅油	2	5	6	6	6
	水	10	12	15	15	15
	卵磷脂	—	—	—	—	0.2~0.5

制备方法

(1) 取膨润土、氢氧化铝、三乙基硅烷、双酚 A 型环氧树脂加至乙醇溶液中,加热搅拌回流,过滤,得混合物 A;加热至 80~90℃,搅拌速度为 50~100r/min。还需要加入氯化聚乙烯。

(2) 取焦亚硫酸钠、氮基三亚甲基磷酸、硼酸钠、碳化硅粉末、乳化硅油加至水中,在 CO_2 气氛下加热搅拌,得混合物 B;加热至 100~120℃,搅拌速度为 60~120r/min。还需要加入卵磷脂 0.2~0.5 份。

(3) 将步骤(1)所得的混合物 A 和步骤(2)所得的混合物 B 混合,加热至 90~110℃,保温 20~30min,冷却至室温,球磨即得。

产品特性 将本品添加到铁基粉末冶金材料中,该材料耐酸性、耐碱性、耐腐蚀性提升十分明显。

配方 3 钢铁表面去锈防腐剂

原料配比

原料	配比(质量份)			原料	配比(质量份)		
	1#	2#	3#		1#	2#	3#
肉桂酸	12	18	16	磷酸二氢锰	6	2	5
柠檬酸溶液	8	5	7	环氧脂	7	11	8
羟基亚乙基二膦酸	3	9	7	十二烷基磺酸钠	13	8	8
植酸钠	8	2	2	二邻甲苯硫脲	7	9	9
异丙醇	12	30	12	聚二甲基硅氧烷	5	2	4
金属粉末	10	6	10	分散剂六偏磷酸钠	1	2	1
马铃薯	26	35	26	杀菌剂	3	2	3
羧甲基淀粉	13	9	10	蒸馏水	7	7	4
氯化钙	10	15	12				

制备方法

(1) 将 26～35 份马铃薯进行清洗，在水中进行粉碎，粉碎后的马铃薯通过过滤网进行过滤；对混合物进行升温并使混合物在 45～50℃下进行反应，向混合物中加入 4～7 份蒸馏水并将混合物放入超声处理装置中，在 15～18℃下超声处理 30 秒；将处理过的混合物放入过滤装置中进行过滤，将滤液放入搅拌装置中，并在搅拌的过程中向混合物中加入 15～20 份水、9～13 份羧甲基淀粉，将混合物搅拌 16～19min。超声处理装置的功率为 1800～2000W。

(2) 将 6～10 份金属粉末放入研磨机中进行研磨，向研磨后的混合物中加入步骤 (1) 的生成物并进行混合，将混合物冷却至 15～20℃，向混合物中加入肉桂酸 12～18 份、柠檬酸溶液 5～8 份并搅拌 10～18min，然后向溶液中加入羟基亚乙基二膦酸 3～9 份、植酸钠 2～8 份、异丙醇 12～30 份、氯化钙 10～15 份并混合，混合物在 18～25℃下搅拌 28～31min，将搅拌后的混合物放入离心装置中进行离心、沉降。离心装置的反应温度为 21～28℃，离心装置的速度为 2600～3500r/min。

(3) 将磷酸二氢锰 2～6 份、环氧脂 7～11 份、十二烷基磺酸钠 8～13 份、二邻甲苯硫脲 7～9 份、聚二甲基硅氧烷 2～5 份放入搅拌装置中，加入步骤 (2) 离心、沉降后的过滤液 23～26 份，在 20～35℃下搅拌 20～30min 后；加入步骤 (2) 离心、沉降后的离心物，在 35～40℃下搅拌 13～18min，并将混合物放入杀菌装置内杀菌 7～11min；将杀菌后的混合物放入过滤装置进行二次过滤，向过滤物中加入分散剂 1～2 份、杀菌剂 2～3 份，在 45～50℃下搅拌 11～15min，将混合物过滤，即可得到去锈防腐剂。杀菌装置的温度为 100℃，压力为 0.8MPa。

原料介绍　所述杀菌剂为戊唑醇、氟环唑、丙环唑、苯醚甲环唑以及氟硅唑中任意一种或以上组合的混合物。

所述金属粉末为钼、锌、铜、钴以及镍中任意一种或以上组合的混合物。

产品特性

(1) 本品中含有特殊的添加剂能渗入铁锈、腐蚀物、油污和泥污等物的内部，有效除去附着于钢铁表面上的水锈、粉尘等污垢，并且在钢铁或其他材料的表面留下防锈油膜，有效隔绝湿气和水分，有效延长连接件的使用寿命。

(2) 本品是一种安全可靠、使用方便、成本低廉的钢铁表面去锈防腐剂，防腐效果为普通去锈防腐剂的 2 倍。

配方 4　硅基水性金属防腐剂

原料配比

原料	配比(质量份)	
	1#	2#
硅基成膜酯溶液	20	13

原料		配比（质量份）	
		1#	2#
分散剂	十二烷基二甲基溴化铵	2	—
	十二烷基苯磺酸钾	—	1
十聚甘油单硬脂酸酯		1	0.4
硅酸镁铝		4	3
磷酸三钠		4	2
棕榈酸钙		1	0.7
γ-氨丙基三乙氧基硅烷		30	20
均苯四甲酸二酐		5	3
去离子水		适量	适量
无水乙醇		适量	适量
硅基成膜酯溶液	前驱体：正硅酸乙酯	20	14
	甲基丙烯酰氯	12	10
	2,2,2-三氟乙醇	17	15
	辛酸亚锡	0.4	0.3
	油酸二乙醇酰胺	2	1
	磷酸二氢铝	3	2
	辛基异噻唑啉酮	1	0.4
	去离子水	适量	适量

制备方法

(1) 取十聚甘油单硬脂酸酯加入质量 13～20 倍的去离子水中，搅拌均匀，升高温度到 50～60℃，加入硅酸镁铝、磷酸三钠，保温搅拌 10～20min，得无机分散液；

(2) 取棕榈酸钙加入质量 3～5 倍的无水乙醇中，搅拌均匀，与上述无机分散液混合，加入 γ-氨丙基三乙氧基硅烷 10%～15%，在 60～65℃下保温搅拌 1～2h，蒸馏除去乙醇，得溶胶硅烷溶液；

(3) 取均苯四甲酸二酐加入质量 60～70 倍的去离子水中，搅拌均匀，与上述溶胶硅烷溶液混合，升高温度到 75～80℃，保温搅拌 4～5h，得酰胺硅烷溶液；

(4) 取上述酰胺硅烷溶液，与剩余各原料混合，以 1000～1200r/min 搅拌 20～30min，即得所述硅基水性金属防腐剂。

原料介绍 所述的分散剂为十二烷基苯磺酸钾、十二烷基苯磺酸钠、十二烷基二甲基溴化铵中的一种。

所述的硅基成膜酯溶液的制备方法如下：

(1) 取辛基异噻唑啉酮加入 2,2,2-三氟乙醇中，搅拌均匀，得醇溶液；

(2) 取磷酸二氢铝加入质量 30～40 倍的去离子水中，放入 90～95℃的水浴中，保温搅拌 10～20min，出料，与上述醇溶液混合，搅拌至常温，得预处理醇溶液；

(3) 取前驱体加入上述预处理醇溶液中，搅拌均匀，滴加氨水，调节 pH 值为 10～12，搅拌反应 4～6h，滴加盐酸，调节 pH 值为 4～5，加入甲基丙烯酰氯，升高温度到 65～70℃，加入辛酸亚锡，保温反应 7～8h，出料，得酯化硅胶；

(4) 取油酸二乙醇酰胺加入质量 20～30 倍的去离子水中，搅拌均匀，加入酯化硅胶，超声 3～5min，得硅基成膜酯溶液。

所述氨水的浓度为 16%～20%，盐酸的浓度为 1%～2%。

产品特性 硅基成膜酯溶液以正硅酸乙酯为前驱体，在含有辛基异噻唑啉酮、磷酸二氢铝的水溶液中水解，磷酸二氢铝可以改善硅基成膜酯的黏度和强度，从而提高涂膜对金属基材的附着力。辛基异噻唑啉酮具有很好的抑菌、防腐性能，对提高成品防腐剂的贮存稳定性具有很好的促进效果；本品将硅溶胶与甲基丙烯酰氯混合，在催化剂作用下酯化，有效改善了硅溶胶与酯化料之间的相容性，提高了涂膜的均匀稳定性，在基材上的成膜性好，附着力高。

配方 5 黑色金属防腐剂

原料配比

原料	配比(质量份)	原料	配比(质量份)
顺丁烯二酸酐	40	CH_2=$CHCH_2O(C_2H_4O)_{10}CH_3$	26
丙烯酸	11	过氧化苯甲酰	6
双丙酮丙烯酰胺	20	甲苯	65

制备方法

(1) 将上面所述各组分加入装有冷凝器、氮气输入管、温度计和搅拌器的反应器中；

(2) 在氮气气氛下将温度升高至 90～100℃，连续 2～4h 进行共聚反应；

(3) 反应结束后，在 100℃条件下减压蒸馏将甲苯蒸馏出来，得到淡黄色黏稠液体共聚物；

(4) 将得到的共聚物进行碱性水解得到黑色金属防腐剂。

原料介绍 所述的共聚物是指顺丁烯二酸酐、丙烯酸、双丙酮丙烯酰胺和氧化烯基、平均加成摩尔数为 8～20 的直链烯基醚聚合单体的共聚物，或部分或完全水解产物。

产品应用 本品主要用于普碳钢、高碳钢、不锈钢、高温合金钢、工具钢等黑色金属材料的防腐。

黑色金属防腐剂用量一般为腐蚀性酸液质量的 0.5%～1.5%。

产品特性 本品能牢固吸附在黑色金属表面形成一层致密分子膜，这层分子膜可有效屏蔽氢离子与金属表面接触，阻断氢离子与金属原子间的电子交换，在较长的时间段里保护金属表面不受氢离子的攻击，从而显著降低酸性腐蚀性液体对黑色金属的腐蚀。

配方 6 环保金属防腐剂

原料配比

原料	配比(质量份)			原料	配比(质量份)		
	1#	2#	3#		1#	2#	3#
去离子水	42	40	41	乙酸铈	5	5	5
乙醇	4	4	3	三聚磷酸钠	2	3	3
聚乙烯醇缩丁醛	25	25	25	十二烷基硫酸钠	2	3	3
氯化钛	20	20	20				

制备方法

(1) 将乙醇和去离子水混合,加入三聚磷酸钠和十二烷基硫酸钠,搅拌均匀,用 5mol/L 草酸溶液调 pH 值至 5.5~7.5;

(2) 加入聚乙烯醇缩丁醛、氯化钛和乙酸铈,调节温度至 60~70℃,保持 30~40min,室温放置 1~2h,得溶胶即为成品。

产品应用 本品是一种环保金属防腐剂,使用方法:

(1) 将金属基底用超声法清洗干净,干燥;

(2) 利用浸渍-提拉法,用溶胶对金属基底进行涂膜,提拉速度为 2.2~2.4mm/s,涂膜厚度为 2~2.5μm;

(3) 将涂膜后的金属基底在 250~300℃的烘箱中干燥 5~6h,得纳米二氧化钛和氧化铈涂层。

产品特性 本品操作过程简单,材料环保无毒,价格低;聚乙烯醇缩丁醛、氯化钛和乙酸铈、三聚磷酸钠提高了溶胶的稳定性、耐磨性和致密性;十二烷基硫酸钠使溶胶均匀、不分层,使用方便;溶胶透明无色,不影响基底的呈现颜色;纳米二氧化钛和氧化铈涂层与金属基底以化学键结合,利用低温热处理进行干燥,得到的涂层稳定性好、耐磨、不易发生龟裂和脱落、使用寿命长;整个防腐过程不产生污水,有利于环境保护,减小了污水治理的成本。

配方 7 环保型金属防腐剂

原料配比

原料	配比(质量份)			原料	配比(质量份)		
	1#	2#	3#		1#	2#	3#
环氧树脂	0.5	0.9	0.7	丁醇	50	40	45
聚羧酸高性能减水剂	0.1	0.30	0.2	磷酸三丁酯消泡剂	0.2	0.1	0.15
邻苯二甲酸二丁酯增塑剂	0.1	0.2	0.15	UEA 硫铝酸钙膨胀剂	8	3	5.5
氢氧化钠	2.5	5	3.5	聚丙烯短纤维	0.8	0.1	0.4
乙醇	40	50	45	水	适量	适量	适量

制备方法 将预先溶解的环氧树脂放入搅拌罐，在搅拌罐中按比例放入水、氢氧化钠、UEA硫铝酸钙膨胀剂、乙醇、丁醇、聚丙烯短纤维，充分搅拌均匀；将邻苯二甲酸二丁酯增塑剂和聚羧酸高性能减水剂预先混合均匀，在搅拌状态下缓慢加入，然后加入磷酸三丁酯消泡剂，充分搅拌至全无气泡为止，即得防腐剂浆料。

产品特性 本品能够有效减少对环境的污染，施工方便，提高工作效率。

配方 8 金属用防腐剂

原料配比

原料		配比（质量份）					
		1#	2#	3#	4#	5#	6#
耐蚀剂	环氧树脂或乙烯基树脂	80	100	120	—	90	—
	环氧树脂	—	—	—	80	—	—
	乙烯基树脂	—	—	—	—	—	120
稀释剂	二甲苯	25	—	30	35	—	—
	丙酮	—	40	—	—	30	50
固化剂	聚酰胺树脂	40	—	50	60	—	—
	T31-1固化剂或T31-2固化剂	—	30	—	—	25	35
增塑、增韧剂	邻苯二甲酸二丁酯、糠醇或苯甲醇	3	5	7	4	3	3

制备方法 按剂量将稀释剂，固化剂，增塑、增韧剂加入耐蚀剂中，边加边搅拌，直至搅拌均匀得金属防腐剂。

原料介绍 所述环氧树脂采用环氧树脂E-44（6101）。

产品应用 本品用于金属防腐处理的方法如下：

（1）用物理或化学方法将锈蚀表面清理、打扫干净，使表面无油脂、无水。

（2）用空压机吹扫、清理干净金属表面，无杂质，无灰尘。

（3）在步骤（2）处理过的金属表面涂刷防锈漆；用设备原颜色的防锈漆进行整体涂刷。

（4）待金属表面防锈漆干透，保持环境干净、干燥，将金属防腐剂均匀涂刷在金属表面，待干燥即可使用。

产品特性

（1）本品覆盖在金属表面，形成保护层，可抵御外界腐蚀性物质侵入，减小设备的腐蚀、减少资源的浪费，延长其使用寿命，解决生产中面临的腐蚀问题和带来的不便，实现腐蚀最小化、效益最大化、成本最小化、方法简约化、实际应用可行化。

（2）本品的工艺费用低、操作方便简单、施工周期短、耐腐蚀效果好、持久。

配方 9 无毒金属防腐剂

原料配比

原料	配比(质量份)			原料	配比(质量份)		
	1#	2#	3#		1#	2#	3#
硅油	5	6	8	油溶性酚醛树脂	3	5	8
丙三醇	3	5	1	硫酸铝	7	12	9
聚酰胺	2	0.5	1	柠檬酸	1	2	3
焦磷酸钠	3	1	2	二烷基二硫代磷酸锌	4	3	5
乙酸	4	5	3	去离子水	75	70	80

制备方法

(1) 按质量份称取硅油和油溶性酚醛树脂在水浴 80℃ 条件下搅拌 50min，静置冷却至 38℃；

(2) 向步骤 (1) 得到的溶液中加入丙三醇、乙酸、二烷基二硫代磷酸锌和柠檬酸，在 36℃ 条件下搅拌 30min，保温 18min；

(3) 将步骤 (2) 得到的溶液冷却至 23℃，加入聚酰胺、焦磷酸钠、硫酸铝和去离子水，搅拌 13min 即得金属防腐剂。

原料介绍 所述的硅油为甲基硅油，油溶性酚醛树脂是以二甲苯为溶剂的短油性的油溶性酚醛树脂。

产品应用 本品的使用方法如下：

(1) 将制备的金属防腐剂加热到 75℃，搅拌 4min；

(2) 将待处理的镀锌钢板投到步骤 (1) 的溶液中，浸泡 40s，捞出工件；

(3) 将步骤 (2) 捞出的工件采用速度为 10m/s 的冷风吹干，冷风的温度为 2～6℃；

(4) 将步骤 (3) 吹干的工件置于黑暗的环境中 36h，得到处理后的工件。

产品特性

(1) 本品所采用的原料无毒，在生产过程中不会对身体造成损害。使用本品对金属进行防腐处理，会在金属表面形成一层保护膜，不仅能够增强金属的防腐性能，延长金属材料及器件的寿命，而且对环境无污染，可降解，成本低。

(2) 经过处理的工件比没经过处理的工件防腐时间提高 28%，而且经过处理的工件最先锈蚀的地方不是剪切和通孔的边缘处，本品对镀锌钢板的剪切口能起到明显的防腐作用。使用本品处理的镀锌钢板工件比没有处理的使用寿命延长 1 年，对氧化剂和酸碱性物质的抗腐蚀性显著增强，处理后的废水易生物降解，对环境无污染，且对操作者的身体健康无损害。

配方 10　环保金属防腐剂

原料配比

原料	配比（质量份）				原料	配比（质量份）			
	1#	2#	3#	4#		1#	2#	3#	4#
脱氢乙酸钠	60	80	40	50	薄荷粉	4	12	6	8
丙酸钙	5	10	6	8	苯甲酸钠	24	36	26	32
石蜡	15	26	16	25	山梨酸钾	12	20	14	18
盐	17	29	20	25	助溶剂	2	6	3	5
硅藻土	8	16	10	12					

制备方法　将各组分原料混合均匀即可。

产品特性　本品能提高合金的强度和抗冲击力，大大增强了合金稳定性。

配方 11　合金金属防腐剂

原料配比

原料	配比（质量份）				原料	配比（质量份）			
	1#	2#	3#	4#		1#	2#	3#	4#
二乙醇胺	60	80	40	50	薄荷粉	4	12	6	8
异抗坏血酸	5	10	6	8	苯甲酸钠	24	36	20	32
石蜡	15	26	16	25	山梨酸钾	12	20	14	18
盐	17	29	20	25	助溶剂	2	6	3	5
硅藻土	8	16	10	12					

制备方法　将各组分原料混合均匀即可。

产品特性　本品能提高合金的强度和抗冲击力，大大增强了合金稳定性。

配方 12　金属结构零件的防腐剂

原料配比

原料	配比（质量份）				原料	配比（质量份）			
	1#	2#	3#	4#		1#	2#	3#	4#
聚酰亚胺	3.2	6.4	4.3	5.1	邻苯二甲酸二丁酯	7.2	9.6	7.8	8.3
环氧树脂	10	15	12	13	乙醇	5.9	8.4	6.4	7.2
二碳酸二甲酯	0.8	1.5	1.2	1.3	氧化锌	6	15	9	13
乙二醇丁醚	5	13	8	11	氢氧化钠	2.6	4.8	3.1	4.5
椰子油	5.3	7.8	5.9	6.5	丙烯酸	8	15	11	13

制备方法　将各组分原料混合均匀即可。

产品特性　本品能够在金属表面形成一层致密的保护膜，有效防止外界环境对金属的损害。另外，本品成本低、可降解，使用安全，对环境无污染。

配方 13 铝合金防腐剂

原料配比

原料		配比(质量份)						
		1#	2#	3#	4#	5#	6#	7#
香蕉水		10	35	20	20	15	18	20
丙烯酸清漆		5	20	10	10	10	13	15
有机硅	硅树脂	0.5	5	—	—	1	2	—
	硅烷偶联剂	—	—	—	1	1	—	3

制备方法

(1) 在 45～75℃下向反应容器中加入有机硅，搅拌；

(2) 在 45～75℃下加入香蕉水，搅拌 30min；

(3) 在 50～80℃下加入清漆，搅拌 1h；

(4) 降温至 40℃，待喷涂加工。

产品应用 本品主要应用于铝合金板材的表面防腐处理。

铝合金板材的加工方法为：采用该铝合金防腐剂对铝合金管进行喷涂处理，再进行烘干处理。喷涂处理的加工温度为 75～95℃，烘干操作的温度为 -5～100℃。

产品特性 本品阻止了铝合金表面的电化学反应，利用有机硅材料在板材表面形成致密的保护膜，使铝合金具有优良的防腐性能。

配方 14 汽车零件表面防腐剂

原料配比

原料	配比(质量份)			原料	配比(质量份)		
	1#	2#	3#		1#	2#	3#
2-巯基苯并噻唑	80	100	120	硬脂酸丁酯	40	50	60
2-巯基苯并咪唑	200	150	300	壬基酚聚氧乙烯	40	50	60
2-巯基苯并唑	40	50	60	去离子水	适量	适量	适量
苯并三唑	80	100	120				

制备方法 将各组分原料混合均匀即可。

产品特性 苯并三唑同汽车零件表面的铝形成共轭络合物，该络合物不溶于酸、碱等溶液，可以提高汽车零件中铝合金表面的自防腐效果。

配方 15 溶胶金属防腐剂

原料配比

原料	配比(质量份)			原料	配比(质量份)		
	1#	2#	3#		1#	2#	3#
去离子水	42	40	41	聚乙烯醇缩丁醛	21	21	20
乙醇	4	4	4	硝酸锌	21	21	21

原料	配比（质量份）			原料	配比（质量份）		
	1#	2#	3#		1#	2#	3#
有机硅	6	7	6	乙酰乙酸乙酯	2	2	3
乙二胺四乙酸	4	5	5				

制备方法

（1）将乙醇和去离子水混合均匀，加入乙酰乙酸乙酯和乙二胺四乙酸，用 5mol/L 草酸溶液调 pH 值至 5.5～7.5；

（2）加入硝酸锌，调节温度至 45～55℃，进行水解缩合 40～50min；

（3）加入聚乙烯醇缩丁醛，保持反应体系的温度为 60～70℃，维持 30～40min；

（4）加入有机硅，搅拌均匀，保持（3）的体系温度 40～50min，形成溶胶，得到成品。

原料介绍 所述的有机硅均为纳米粒子，粒径为 30～50nm。

产品应用 本品的使用方法：

（1）将金属基底用超声法清洗干净，干燥；

（2）利用浸渍-提拉法对金属基底进行涂膜，提拉速度为 2.2～2.4mm/s，涂膜厚度为 2～2.5μm；

（3）将涂膜后的金属基底在 250～300℃的烘箱中干燥 5～6h，得纳米氧化锌涂层。

产品特性 本品操作过程简单，材料环保无毒，价格低，节约成本；硝酸锌、聚乙烯醇缩丁醛、螯合剂乙二胺四乙酸提高了溶胶的稳定性，得到的溶胶耐磨、致密性强；在溶胶中加入有机硅，增加了涂层的防水性能；乙酰乙酸乙酯能够使溶胶均匀、不分层，使用方便；溶胶透明无色，不会影响基底的呈现颜色；纳米氧化锌涂层与金属基底以化学键结合，干燥过程采用低温热处理的方法，使得到的涂层稳定性好、耐磨、不易发生龟裂和脱落、使用寿命长；整个防腐过程不产生污水，有利于环境保护，减小污水治理的成本。

配方 16 水性钢铁表面带锈处理防腐剂

原料配比

原料	配比（质量份）			原料		配比（质量份）		
	1#	2#	3#			1#	2#	3#
去离子水	100	120	114	单宁酸		7	7	7
磷酸	36	20	20	钼酸盐	钼酸铵	3	—	—
HEDP	6	2	4		钼酸钠	—	3	3
植酸钠	2	2	2	镍盐	硝酸镍	2	—	—
丙三醇	20	20	20		乙酸镍	—	2	2
异丙醇	20	20	20	磷酸二氢锰		2	2	2

制备方法 将各组分原料混合均匀即可。

产品应用 本品主要应用于机械制造、机车维护、船舶修造、桥梁塔架、钢构厂房和钢铁结构件的制造和日常维护等领域，用于除锈、防腐蚀、着漆前底层的处理。

产品特性

(1) 本品可直接涂在 $50\sim80\mu m$ 铁锈表面，使铁锈转化成稳定的络合物，牢固地黏附在钢铁表面，形成保护性封闭层，防止钢铁氧化锈蚀，起到除锈、防腐蚀的双重作用，可代替人工、机械、酸洗等旧法除锈，简化了工艺，提高了生产效率，减轻了劳动强度，减少了环境污染。

(2) 使用本品在锈蚀的钢铁表面直接进行喷涂、刷涂，短时间内就可一次性完成清除铁锈和形成防腐蚀保护层的操作过程。其主要优点是：有强渗透力，除锈转化速度快，无毒不挥发，不易燃，使用安全方便。除锈过程不需加温，不污染施工环境，表面干燥后防锈时间长，可以代替底漆使用，与各类面漆有良好的结合力。

配方 17 碳层硅烷金属防腐剂

原料配比

原料	配比（质量份）		原料		配比（质量份）	
	1#	2#			1#	2#
甲基丙烯酰氯	20	16	15%～20%乙醇		适量	适量
2,2,2-三氟乙醇	25	20	去离子水		适量	适量
辛酸亚锡	0.1	0.08	炭粉分散液	炭粉	20	17
十二烯基丁二酸	4	3		二丙酮醇	7	4
蓖麻油酸锌	3	2		甲酰胺	14	10
硼酸三丁酯	7	5		引发剂过硫酸铵	0.5	—
硬脂酸	1～2	1		引发剂过硫酸钾	—	0.4
聚山梨酯-80	0.2	0.1		肉豆蔻酸钠皂	2	1
亚硫酸钠	2	1		2,2-二羟甲基丙酸	3	2
硅烷偶联剂 KH570	40	30		去离子水	适量	适量
炭粉分散液	30	20				

制备方法

(1) 取蓖麻油酸锌加入质量 15～17 倍的 15%～20% 的乙醇溶液中，搅拌均匀，加入碳粉分散液，搅拌均匀，得预处理分散液；

(2) 取硅烷偶联剂 KH570 3%～5% 加入质量 10～15 倍的去离子水中，加入辛酸亚锡，超声 3～5min，得催化硅烷溶液；

(3) 取硼酸三丁酯、聚山梨酯-80 混合，加入混合料质量 30～40 倍的去离子水中，在 50～60℃ 下保温搅拌 10～20min，得酯分散液；

(4) 取甲基丙烯酰氯，加入上述预处理分散液中，搅拌均匀，送入反应釜中，滴加 2,2,2-二氟乙醇，滴加完毕后调节反应釜温度为 65～70℃，加入上述催化硅烷溶液，保温搅拌 6～8h，出料，得酯改性硅烷分散液；

（5）取上述酯分散液、酯改性硅烷分散液混合，超声 10～20min，与剩余各原料混合，搅拌均匀，即得所述碳层硅烷金属防腐剂。

原料介绍　所述的炭粉分散液的制备方法如下：

（1）取肉豆蔻酸钠皂加入质量 30～40 倍的去离子水中，搅拌均匀，加入二丙酮醇，升高温度到 85～90℃，保温搅拌 10～20min，得醇分散液；

（2）取炭粉、2,2-二羟甲基丙酸混合，加入混合料质量 10～16 倍的去离子水中，加入甲酰胺，在 30～40℃下超声 1～2h，得单体分散液；

（3）取引发剂，加入质量 20～25 倍的去离子水中，搅拌均匀；

（4）取上述单体分散液，送入反应釜中，与醇分散液混合，搅拌均匀，通入氮气，调节反应釜温度为 70～75℃，滴加上述引发剂水溶液，滴加完毕后保温搅拌 4～5h，出料，得炭粉分散液。

产品特性

（1）本品加入的硼酸三丁酯、硬脂酸、十二烯基丁二酸、亚硫酸钠、蓖麻油酸锌都具有很好的防腐蚀性能，采用炭粉掺杂，可以在金属表面形成碳层沉积涂膜，对提高涂膜的稳定性和强度具有很好的促进效果。

（2）本品首先通过 2,2-二羟甲基丙酸处理炭粉，然后与甲酰胺混合，在引发剂作用下聚合，不仅有效改善了炭粉与聚合物间的相容性，而且甲酰胺通过酸掺杂聚合，赋予了聚合物很好的导电性，作为金属防腐涂料的添加剂可以明显提高成品涂膜的防腐蚀效果。

（3）以甲基丙烯酰氯、2,2,2-三氟乙醇为原料，炭粉的醇溶液为反应溶剂，辛酸亚锡为催化剂进行反应，将反应产物与硼酸三丁酯的聚山梨酯-80 水分散液共混，具有很好的分散均匀性，有效地改善了酯化料、炭粉在水溶液中的分散性，从而提高了涂膜的均匀、稳定性。

4 木材防腐剂

配方 1 胺铜接枝氧化石墨烯杉木防腐剂

原料配比

原料		配比(质量份)		
		1#	2#	3#
乙醇胺接枝氧化石墨烯分散液	乙醇胺接枝氧化石墨烯	2	1	3
	水	200(体积份)	100(体积份)	300(体积份)
氢氧化铜		8	3	15
乙醇胺接枝氧化石墨烯	异氰酸酯化氧化石墨烯的分散液Ⅰ	异氰酸酯化氧化石墨烯	3	1	5
		N,N-二甲基甲酰胺	600(体积份)	200(体积份)	1000(体积份)
	乙醇胺溶液Ⅱ	乙醇胺	6	1	15
		N,N-二甲基甲酰胺	60(体积份)	10(体积份)	150(体积份)

制备方法

(1) 将 1～5g 异氰酸酯化氧化石墨烯加入 200～1000mL N,N-二甲基甲酰胺中,在室温下超声 30～90min,制备异氰酸酯化氧化石墨烯的分散液Ⅰ;将 1～15g 乙醇胺加入 10～150mL N,N-二甲基甲酰胺中,在室温下机械搅拌 10～30min,制备乙醇胺溶液Ⅱ;在 -5～5℃ 和氮气保护下,将溶液Ⅱ以 20～60 滴/min 的速度滴加到分散液Ⅰ中,机械搅拌反应 12～36h。经过滤、洗涤和冷冻干燥,制备乙醇胺接枝氧化石墨烯。

(2) 将 1～3g 乙醇胺接枝氧化石墨烯加入 100～300mL 水中,在室温下超声 30～90min,制备乙醇胺接枝氧化石墨烯分散液;分 2～10 次向上述分散液中加入 3～15g 氢氧化铜,在室温下超声 30～120min 后,升温至 30～60℃,机械搅拌反应 6～18h,经过滤、洗涤和冷冻干燥,制得所述胺铜接枝氧化石墨烯杉木防腐剂。

产品应用 所述胺铜接枝氧化石墨烯杉木防腐剂的施工工艺如下:

(1) 将 10～40g 胺铜接枝氧化石墨烯、2～8g 分散剂和 1～10g 消泡剂加入 1000～2000mL 水中,室温下超声 60～150min,制备胺铜接枝氧化石墨烯分散液;

(2) 将烘干处理后的杉木试样置于自动真空加压罐中,抽真空至真空度为 0.05～0.1MPa,保压 30～60min 后,注入上述分散液,加压至 0.8～1.5MPa,保压 30～60min,卸压,在常压下继续浸注 2～6h 后,取出杉木试样并去除表面多余残留液，在40℃下干燥48h，得到初步防腐处理杉木试样；

（3）将初步防腐处理杉木试样置于自动真空加压罐中，抽真空至真空度为0.04～0.08MPa，保压20～40min后，注入质量分数为10%～20%的聚氨酯水溶液，加压至1～2MPa，保压60～120min，卸压，在常压下继续浸注3～6h后，取出杉木试样并去除表面多余残留液，在40℃下干燥48h，得到防腐处理杉木。

所述分散剂为聚丙烯酸钠和双癸基二甲基氯化铵中的任意一种。

所述消泡剂为聚二甲基硅氧烷、聚氧乙烯聚氧丙醇胺醚、聚氧丙烯氧化乙烯甘油醚、DF7010和DF681F中的任意一种。

产品特性 本品不仅可以显著提高杉木的防腐性和稳定性，而且可以大幅度提高杉木的硬度、耐磨性和尺寸稳定性，处理后的杉木防腐等级为Ⅰ级，铜的含量为11～16kg/cm³，铜的流失率为4.1%～5.9%，磨耗值为0.11～0.15g/100r，硬度为5.0～5.8kN，具有显著的经济价值和社会效益。

配方 2 处理木材用的防腐剂

原料配比

原料	配比(质量份)		原料	配比(质量份)	
	1#	2#		1#	2#
硼酸	13	12	磷酸氢二铵	9	10
八硼酸二钠	3	4	硫酸铵	48	42
双氰铵	11	12	氧化铜	4	2
氟化钠	8	6	羧甲基纤维素	1	3

制备方法

（1）将氧化铜2～4份、双氰铵10～12份、磷酸氢二铵9～11份和硫酸铵42～50份混合均匀，在50～80℃下搅拌2h以上；

（2）冷却到40℃以下后，加入硼酸12～14份、八硼酸二钠2～4份、氟化钠6～8份和羧甲基纤维素1～3份，混合均匀，自然冷却至室温即可。

产品应用 用本品处理木材的步骤包括：

（1）将木材放入密封的处理罐中；

（2）先对处理罐进行抽真空操作，相对真空度为（-0.1±0.05)MPa，然后将防腐剂导入处理罐中，并加压至（5±0.05)MPa，加压时间为2～3h，最后卸掉压力并排空防腐剂；

（3）重复步骤（2）2次以上，得浸渍处理材；

（4）将浸渍处理材先在50℃下预干燥，再采用10℃/2～3天的温度递增方式进行干燥，干燥至木材含水率为8%～12%即可。

产品特性

（1）本品应用到木材中能更好地达到抑菌、防虫的目的，进而有效延长使用寿命，效果更加显著。

(2) 本品没有采用含有砷、铬等物质，不具有毒性，环保效果极佳。

配方3 茶多酚木材防腐剂

原料配比

原料	配比（质量份）	原料	配比（质量份）
硼酸	13	茶多酚	5
八硼酸二钠	3	硫酸铵	48
双氰铵	11	氧化铜	4
氟化钠	8	羧甲基纤维素	1

制备方法

(1) 将氧化铜、双氰铵和硫酸铵混合均匀，在 $50 \sim 80 ℃$ 下搅拌 2h 以上；

(2) 冷却到 $30 \sim 40 ℃$ 后，加入硼酸、八硼酸二钠、氟化钠，混合均匀，自然冷却，当温度低于 25℃ 以下后，再加入茶多酚和羧甲基纤维素，混合搅拌均匀即可。

产品应用 用本品处理木材的工艺包括：

(1) 将木材放入密封的处理罐中；

(2) 先对处理罐进行抽真空操作，相对真空度为 $(-0.1 \pm 0.05)MPa$，然后将茶多酚防腐剂导入处理罐中，并加压至 $(5 \pm 0.05)MPa$，加压时间为 $2 \sim 3h$，最后卸掉压力并排空茶多酚防腐剂；

(3) 重复步骤 (2) 2 次以上，得浸渍处理材；

(4) 将浸渍处理材先在 50℃ 下预干燥，再采用 $10℃/2 \sim 3d$ 的温度递增方式进行干燥，干燥至木材含水率为 $8\% \sim 12\%$ 即可。

产品特性

(1) 本品应用到木材中不仅能有效达到抑制和杀灭室内细菌、驱虫的目的，而且能去除木材和室内的甲醛，起到净化空气的作用。通过本品处理后的木板能散发出清香的茶气息，更好地达到提神醒脑的作用，持续时间较长，气味挥发时间可长达 3 年以上。

(2) 本品没有采用含有砷、铬等物质，不具有毒性，环保效果极佳。

配方4 蛋白质-矿物质复合木材防腐剂

原料配比

原料	配比（质量份）					原料	配比（质量份）				
	1#	2#	3#	4#	5#		1#	2#	3#	4#	5#
硫酸铜	4	5	4	4	8	纳米羟基磷灰石	0.2	1	0.5	0.2	1
硼砂	4	5	6	4	8	鸡羽热解液	18	25	20	5	30

制备方法

(1) 按配比量取硫酸铜、硼砂和纳米羟基磷灰石，在 25～30℃下，混合后溶解于水中，充分溶解后得蓝色悬浊液。

(2) 搅拌并加入鸡羽热解液，形成灰褐色浑浊液，向形成的灰褐色浑浊液中缓慢滴入盐酸或乙酸，调节其 pH 值为 4.5～5.5，再加入氨水直至溶液澄清形成深蓝色澄清溶液，即获得所述蛋白质-矿物质复合木材防腐剂。

原料介绍 所述鸡羽热解液是新鲜鸡羽通过热解处理后获得的，所述鸡羽热解液中蛋白质的质量浓度为（60±5）％。

所述鸡羽热解液的热解步骤如下：

(1) 取新鲜鸡羽洗净后用亚硫酸氢钠溶液浸泡处理，处理时间为 16～30h；

(2) 将预处理后的鸡羽置于氢氧化钠溶液中热解 4～8h，形成所述鸡羽热解液。

所述的热解过程中鸡羽与氢氧化钠溶液的质量份比为（1∶4）～（1∶10），所述氢氧化钠溶液的质量浓度为 6％～8％，热解过程的温度为 140～160℃。

产品特性

(1) 本品配方中的鸡羽蛋白为天然材料，羟基磷灰石为矿物质材料，具有来源广泛、无毒无害等优点。经过防腐处理的木材，没有明显变化且颜色均匀，对木材材色基本没有影响，对木材有较好的防腐效果。

(2) 鸡羽热解后能够获得大量水溶性蛋白质，这些蛋白质与硼砂和硫酸铜作用后，形成螯合蛋白铜硼盐，具有很好的固着性；纳米羟基磷灰石具有载体作用，能和蛋白质氨基、羧基结合，进入木材中后，能在木材内部形成一种不溶于水的聚合体网络，进一步提高铜、硼在木材内的固着性能，达到长效防腐的目的。

配方 5　低毒性木材防腐剂

原料配比

原料		配比（质量份）		
		1#	2#	3#
硫酸铜		4	7	5
硼砂		5	5	8
禽类羽毛蛋白热解液		18	20	5
禽类羽毛蛋白热解液	预处理后羽毛	1	1	1
	氢氧化钠溶液	4	6	8

制备方法 按所述配比取硫酸铜和硼砂，在 25～30℃下，混合后溶解于水中，充分溶解后得蓝色悬浊液，加入禽类羽毛蛋白热解液搅拌，形成褐色浑浊液，即获得所述低毒性木材防腐剂。

原料介绍 所述的热解液制备方法为：将新鲜羽毛洗净后用亚硫酸钠进行预

处理，预处理时间为 16～30h，再在浓度为 6%～8% 的氢氧化钠溶液中进行热解即得热解液。预处理后羽毛与氢氧化钠溶液的质量份比为（1∶4）～（1∶10），热解温度为 140～160℃，热解时间为 4～8h。

所述热解液制备完成后，缓慢滴入盐酸或乙酸，调节其 pH 值为 5 左右，再加入氨水直至溶液澄清形成深蓝色澄清溶液。

产品应用　一般利用常温常压浸渍以及干燥等方式来处理木材，包括以下具体步骤：

（1）浸渍　将木材试件在 10～30℃ 下浸泡于防腐剂中，密封后浸渍 24h。

（2）干燥

① 将被防腐剂充分渗透的木质试件在大气条件下自然干燥 1～2 天。

② 将经过自然干燥的木材防腐试件于 50～60℃ 下干燥至含水率为 10%～12%。

产品特性

（1）本品中具有螯合的蛋白铜硼盐，具有很好的固着性，能达到长效防腐的目的。

（2）本品配方中的禽类羽毛蛋白为天然材料，具有来源广泛、无毒无害等优点。

配方 6　低毒性木料防腐剂

原料配比

原料	配比(质量份)		原料	配比(质量份)	
	1#	2#		1#	2#
吡啶硫酮	5～10	5～8	咪唑烷基脲	5～10	8～10
二辛酸/癸酸丙二醇酯	5～8	7～8	木质素磺酸钙	5～10	5～10

制备方法　将各组分原料混合均匀即可。

产品特性　本品具有很好的防腐效果。

配方 7　低腐蚀性木料防腐剂

原料配比

原料	配比(质量份)		原料	配比(质量份)	
	1#	2#		1#	2#
壬基酚聚氧乙烯醚	5～10	5～8	咪唑烷基脲	5～10	5～10
纳他霉素	5～8	5～7	木质素磺酸钙	5～10	5～10

制备方法　将各组分原料混合均匀即可。

产品特性　本品具有很好的防腐效果。

配方 8　豆渣蛋白木材防腐剂

原料配比

原料	配比(质量份)			
	1#	2#	3#	4#
硫酸铜	4	6	5	8
硼砂	6	8	5	8
蛋白质质量分数为60%的豆渣热解液	15	30	—	—
蛋白质质量分数为62%的豆渣热解液	—	—	25	—
蛋白质质量分数为65%的豆渣热解液	—	—	—	40

制备方法

(1) 按配比取硫酸铜和硼砂,在25~30℃下,混合后溶解于水中,充分溶解后得蓝色悬浊液。

(2) 搅拌并加入豆渣热解液,形成灰褐色浑浊液,向形成的灰褐色浑浊液中缓慢滴入盐酸或乙酸,调节其pH值为5~6,再加入氨水直至溶液澄清形成深蓝色澄清溶液,即获得所述豆渣蛋白木材防腐剂。

原料介绍　所述豆渣热解液是豆渣通过热解处理后浓缩获得的,所述豆渣热解液中蛋白质的质量分数为(60±5)%。

所述豆渣热解液的热解步骤如下:

(1) 预处理　取新鲜豆渣用氢氧化钠溶液浸泡即预处理,预处理时间为10~12h;

(2) 热解　将预处理后的豆渣倒入高压反应釜中热解4~8h,形成所述豆渣热解液。

所述的热解过程中豆渣与氢氧化钠溶液的质量份比为1:(4~10),混合物中氢氧化钠的质量是豆渣干重的6%~8%,热解过程的温度为80~120℃。

产品应用　本品是一种豆渣蛋白木材防腐剂。

所述的豆渣蛋白木材防腐剂防腐的方法如下:

(1) 浸渍　将木材试件在10~30℃下浸泡于防腐剂中,密封后浸渍24h。

(2) 干燥

① 将被防腐剂充分渗透的木质试件在大气条件下自然干燥1~2天。

② 将经过自然干燥的木材防腐试件于50~60℃下干燥至含水率为10%~12%。

产品特性　本品中具有螯合的氨基酸铜硼盐,具有很好的固着性,进入木材中后,能在木材内部形成一种不溶于水的聚合体网络,从而提高铜、硼在木材内的固着性能,达到长效防腐的目的;本品配方中的豆渣蛋白为食品工业加工剩余物，具有来源广泛、无毒无害等优点。经过防腐处理的木材没有明显变化且颜色均匀，可以认为该防腐剂对木材材色基本没有影响。

配方 9 多用途防腐剂

原料配比

原料		配比（质量份）					
		1#	2#	3#	4#	5#	6#
抗菌剂	硼酸	1	2.5	—	—	—	—
	硼酸钠	—	—	2	4.5	—	—
	八硼酸二钠	—	—	—	—	3.5	6
抗流失剂	酚醛树脂	3	—	—	—	—	—
	脲醛树脂	—	9	—	—	—	—
	聚乙酸乙烯酯	—	—	4.5	—	—	—
	醇酸树脂	—	—	—	10	—	—
	间苯二酚树脂	—	—	—	—	3.5	—
	松香乳液	—	—	—	—	—	9.5
表面活性剂	月桂醇聚氧乙烯醚磷酸酯和十二烷基苯磺酸钠的混合物	0.1	—	3.5	—	—	3.3
	三苯乙烯基酚聚氧乙烯醚磷酸酯和十二烷基苯磺酸钙的混合物	—	2.2	—	—	—	—
	月桂醇聚氧乙烯醚磷酸酯和十二烷基苯磺酸钙的混合物	—	—	—	4	—	—
	烷基酚聚氧乙烯醚磷酸酯和十二烷基苯磺酸钠的混合物	—	—	—	—	1	—
有机溶剂	糠醇	3.5	—	4.5	10	4	—
	聚乙烯醇	—	8	—	—	—	8.5
水		2	4.5	4	6	3.5	5
阻燃剂	硅酸盐	—	—	—	10	2	8

制备方法 在常温（不低于15℃）、常压下，先将表面活性剂、有机溶剂和水投入容器中搅拌，升温至40～65℃，依次加入抗流失剂和抗菌剂（硼类防腐剂），搅拌30～120min，即制成液态的防腐剂；阻燃剂与抗流失剂同时投入即可。

产品应用 本品主要用于木材、皮革、麻、竹、藤等材料的防腐、防霉。

所述多用途防腐剂可采用常规的压力浸渍法对竹、木材、麻、藤、皮革等材料进行处理，即采用前真空→加入防腐剂→升压→保持压力浸渍→降压→排出防腐剂→后真空的工艺进行处理，或采用更为简易的喷刷、浸泡方法处理。

产品特性

（1）本品作为木材防腐剂具有毒性小、抗菌范围广的优点。

（2）本品可用于食品领域，同时具有较好的抗流失性，适用时效长。

配方 10　防虫缓释木材防腐剂

原料配比

原料			配比（质量份）		
			1#	2#	3#
除虫精油			10	11	12
备用浸出液			8	9	10
木材防腐剂			20	21	22
木材黏附剂			50	52	55
木材润胀剂			6	6	7
除虫精油	萃取超临界二氧化碳流体	混合原料	20	20	20
		无水乙醇	1	1	1
	混合原料	提纯香樟叶	2	2	2
		红花除虫菊	1	1	1
	提纯香樟叶	干燥处理的香樟叶	1	1	1
		蒸馏水	7	7	7
备用浸出液	米糠		200	210	230
	45%的氢氧化钠溶液		400（体积份）	420（体积份）	450（体积份）
木材黏附剂	β-环糊精		70	72	75
	40%的氢氧化钠溶液		100（体积份）	115（体积份）	130（体积份）
	2,3-环氧丙基三甲基氯化铵		5	7	10
木材润胀剂	三乙胺三氟化氢		3	3	3
	六氟磷酸铵		1	1	1
木材防腐剂	纳米氧化铜		4	4	4
	壳聚糖		3	3	3
	柠檬酸三铵		1	1	1

制备方法　按质量份计，将 10～12 份除虫精油、8～10 份备用浸出液、20～22 份木材防腐剂、50～55 份木材黏附剂、6～7 份木材润胀剂混合复配，得到防虫缓释木材防腐剂。

原料介绍　除虫精油制备方法为：

(1) 将香樟叶放入烘箱中加热升温至 80～85℃，烘焙干燥至含水量为 3%～5%，随后将干燥处理的香樟叶和蒸馏水混合，浸泡 2～3h，对香樟叶片进行蒸馏，控制蒸馏温度为 60～65℃，蒸馏时间为 1～2h，去除蒸馏出的杂质，收集得到提纯香樟叶；

(2) 将提纯香樟叶和红花除虫菊按质量份比 2:1 混合，得到混合原料，再将混合原料与无水乙醇按质量份比 20:1 加入萃取釜中，向萃取釜内输入超临界二氧化碳流体进行萃取，萃取 45～50min 后，得到萃取超临界二氧化碳流体；

(3) 将萃取超临界二氧化碳流体导入精馏柱分离，再将所得精馏液导入分离器中分离，即得到除虫精油。

所述的除虫精油制备方法中干燥处理的香樟叶和蒸馏水质量份比为 1:7。

所述的萃取过程在萃取压力 6～8MPa、萃取温度 25～28℃ 的条件下进行。

所述的除虫精油制备方法中精馏柱分离时控制精馏柱压力为 7～8MPa，温度为 20～22℃，时间为 0.5～1.0h，分离压力为 8～10MPa，精馏液进入分离器后控制分离温度为 25～30℃，分离时间为 30～35min。

所述的浸出液制备方法为：将 200～230g 米糠、400～450mL 质量分数为 45% 的氢氧化钠溶液放入带有搅拌器的水浴反应釜中，水浴加热升温，启动搅拌器，搅拌 3～5h，用质量分数为 95% 的冰醋酸调节 pH 值至中性后移入蒸馏瓶中，加热升温至 85～90℃，保温回流 2～3h，去除米糠渣，得到浸出液。

所述的浸出液制备方法中水浴反应釜加热后温度控制为 90～95℃。

所述的木材润胀剂由三乙胺三氟化氢和六氟磷酸铵按质量份比 3：1 混合得到。

所述的木材防腐剂由纳米氧化铜、壳聚糖、柠檬酸三铵按质量份比 4：3：1 混合，加入蒸馏水稀释得到，并且控制稀释后木材防腐剂中纳米氧化铜质量分数为 3%～5%。

所述的防虫缓释木材防腐剂中木材黏附剂制备方法为：向烧杯中加入 70～75g β-环糊精和 100～130mL 质量分数为 40% 的氢氧化钠溶液，室温下搅拌10～15min 后，再加入 5～10g 2,3-环氧丙基三甲基氯化铵，将烧杯置于水浴锅中，加热升温至 50～55℃，保温反应 3～4h，过滤去除滤液得到木材黏附剂。

产品特性 本品的固着率很好，渗透性好，抗流失性强，缓释效果好，防虫性好，防腐性好，耐腐蚀等级达到Ⅰ级，具有广阔的应用前景。

配方 11 复合配方木料防腐剂

原料配比

原料	配比(质量份)	原料	配比(质量份)
醇醚糖苷	5～10	咪唑烷基脲	5～10
山梨酸钾	5～8	四羟甲基硫酸磷	5～10

制备方法 将各组分原料混合均匀即可。

产品特性 本品中含有醇醚糖苷、山梨酸钾、咪唑烷基脲、四羟甲基硫酸磷，具有很好的木料防腐效果。

配方 12 含有天然化合物的木材防腐剂

原料配比

原料		配比(质量份)											
		1#	2#	3#	4#	5#	6#	7#	8#	9#	10#	11#	12#
cyanogramide(氰草酰胺)		20	18	15	13	11	8	5	2	1	1	1	1
甲溴东莨菪碱		1	1	1	1	1	1	1	1	3	3	5	10
辅助配方	共聚维酮	2	2	2	2	2	2	2	2	2	2	2	2
	正丙醇	3	3	3	3	3	3	3	3	3	3	3	3
	水	加至100	加至100	加至100	加至100	加至100	加至100	加至100	加至100	加至100	加至100	加至100	加至100

制备方法 将各组分原料混合均匀即可。

产品特性 发现将 cyanogramide 与甲溴东莨菪碱配伍在特定的比例下具有很好的防霉效果，特别是在 cyanogramide 与甲溴东莨菪碱的质量份之比为（8～11）：1时，本品协同防霉效果非常明显，而且毒性小、健康环保。

配方 13 环保型复合木材防腐剂

原料配比

原料		配比(质量份)		
		1#	2#	3#
防霉液	改性硼酸锌	3	3.5	4
	1%盐酸	30(体积份)	40(体积份)	50(体积份)
	戊唑醇	2	2	3
	柠檬酸三铵	0.2	0.3	0.5
硅烷偶联剂 KH550		1(体积份)	1(体积份)	2(体积份)
改性硼酸锌	硼酸	4	4	5
	去离子水	80(体积份)	90(体积份)	100(体积份)
	氧化锌	1.2	1.3	1.5
	壳聚糖	0.5	0.7	1
	海藻酸钠	0.1	0.1	0.2
硅胶溶液	正硅酸乙酯	20	25	30
	35%乙醇溶液	180(体积份)	190(体积份)	200(体积份)

制备方法

(1) 称取 4～5g 硼酸加入 80～100mL 去离子水中，在 80～90℃恒温水浴下，以 300～400r/min 的速度搅拌溶解 15～20min，再加入 1.2～1.5g 氧化锌，继续搅拌 5～6h，得反应液，向反应液中加入 0.5～1.0g 壳聚糖、0.1～0.2g 海藻酸钠，持续搅拌 1～2h，随后过滤，将滤渣置于干燥箱中，在 105～110℃下干燥至恒重，得改性硼酸锌，备用；

(2) 称取 20～30g 正硅酸乙酯加入 180～200mL 35%乙醇溶液中，在 50～60℃恒温水浴下，以 300～400r/min 的速度搅拌 20～30min，得混合液，随后用 1%盐酸调节混合液 pH 值为 3～4，持续搅拌至混合液透明均一，得硅胶溶液，备用；

(3) 称取 3～4g 步骤（1）制备的改性硼酸锌加入 30～50mL 1%盐酸中，以 300～400r/min 的速度搅拌混合 20～30min，再加入 2～3g 戊唑醇、0.2～0.5g 柠檬酸三铵，继续搅拌 1～2h，得防霉液；

(4) 量取 100～200mL 步骤（2）制备的硅胶溶液，在 50～60℃恒温水浴下，以 1～2mL/min 的速度滴加上述防霉液，待滴加完毕后再加入 1～2mL 硅烷偶联剂 KH550，并以 500～600r/min 的速度搅拌反应 3～5h，静置 3～4d 后出料，封装得环保型复合木材防腐剂。

产品应用　本品的应用方法是：将木材表面打磨均匀，再将本品以 30～50g/m² 涂覆量涂刷在木材表面，待晾干后，打磨防腐层至光滑，再将防腐剂以 20～30g/m² 涂覆量涂刷于打磨后的防腐层表面即可。经检测，本品渗透性好，可使木材防腐效果提高 95%～98%，抗流失性提高 20%～30%。

产品特性

(1) 本品能有效渗透进木材内部，改善经防腐处理后木材的抗流失性及抗老化性，有效提高抗菌、杀虫能力，改善木材防腐性能，且制备及使用过程中无毒副产物产生，符合环保理念。

(2) 本品渗透性和稳定性好，抗流失性和抗老化性能强，使用量小。

配方 14　环保型木材防腐剂

原料配比

原料		配比(质量份)				
		1#	2#	3#	4#	5#
木醋液		25	35	30	27	33
草醋液		15	25	20	17	23
植物提取物	湿地松提取物	17	—	—	—	—
	樟树提取物	—	40	—	—	—
	蕨根提取物	—	—	30	—	—
	楝树提取物	—	—	—	24	—
	雪松提取物	—	—	—	—	35
脱氢乙酸		5	10	8	6	9
木炭粉(粒径≤20nm)		5	15	10	7	13
分散剂	木质磺酸钠	1	—	—	—	—
	聚丙烯酸钠	—	3	—	—	—
	聚乙二醇	—	2	—	—	—
	十二烷基硫酸钠	—	—	3	—	4
	改性聚丙烯酸酯共聚物	—	—	—	2	—

制备方法

(1) 采用热抽提法制备植物提取物。

(2) 将木醋液、草醋液及植物提取物混合，搅拌均匀。

(3) 将木炭粉、分散剂加入步骤 (2) 所述的混合均匀溶液中，搅拌均匀得到分散液。

(4) 将所述质量份的脱氢乙酸与乙醇混合加热搅拌，得到脱氢乙酸的乙醇溶液，将热混合溶液加入步骤 (3) 所述的分散液中，混合均匀。所述的脱氢乙酸与乙醇的用量比为 1g∶36mL，加热温度为 40～50℃。

(5) 利用转速为 1000～1400r/min 的高速搅拌分散机对步骤 (4) 所述的混合溶液进行均质分散，搅拌 15～20min，得到防腐剂。

产品特性

(1) 本品以木醋液、草醋液为基质，在植物提取物的存在下制备的防腐剂具有较好的防腐效果且对环境无污染。木炭粉使防腐剂保持一个较好的平衡态，而且木醋液与木炭粉按一定比例混合后，对树木的茎、叶及根系发育具有显著的促进作用，不仅可作为防腐剂，而且可以作为植物生长的有效助剂。

(2) 本品对榆木、杨木、桦木的防腐级别均达到Ⅰ级强耐腐蚀，对柏木的防腐级别达到Ⅱ级耐腐蚀。

配方 15 环保木材防腐剂

原料配比

原料	配比（质量份）				原料	配比（质量份）			
	1#	2#	3#	4#		1#	2#	3#	4#
改性壳聚糖	38	40	43	45	柠檬酸钠	21	18	25	23
纳米二氧化钛	36	32	40	38	丁香精油	15	17	19	21
硼酸钠	28	30	32	34	聚赖氨酸	14	12	18	16
硫酸钠	29	25	32	30	聚乙二醇	130	120	150	140
硅藻土	22	24	26	28	乙酸溶液	350	360	370	380

制备方法

(1) 分别将改性壳聚糖、纳米二氧化钛、硼酸钠、硫酸钠、硅藻土、柠檬酸钠和聚赖氨酸进行粉碎、研磨，并分开存放；

(2) 将研磨后的改性壳聚糖、纳米二氧化钛、硼酸钠、硫酸钠、硅藻土和柠檬酸钠浸泡在乙酸溶液中，搅拌并升温至 35～45℃，浸泡 40～60min，将混合物记作混合组分 A；

(3) 向混合组分 A 中加入聚乙二醇，升温至 45～56℃，并以 150～170r/min 的速度搅拌 25～35min，将混合物记作混合组分 B；

(4) 向混合组分 B 中缓慢加入丁香精油和聚赖氨酸粉末，并置于频率 40kHz、温度 50～63℃的超声波振荡器中振荡 18～27min，然后取出自然冷却，即得环保型木材防腐剂。

原料介绍 所述改性壳聚糖的制备方法为：将壳聚糖和 3-氯-2-羟丙基三甲基氯化铵水溶液置于反应釜中，然后加入混合液，升温至 25℃并搅拌 34min，得到固体组分；将固体组分置于浸泡液中，加入缓冲溶液调节 pH 值至 7，浸泡 22h，经过抽滤和洗涤，再用无水乙醇进行萃取 20h，在 75℃的条件下真空干燥 17h，即得改性壳聚糖。

所述乙酸溶液的质量浓度为 2%。

所述混合液由氢氧化钠和氢氧化钾按照质量比 3:1 混合而成。

所述缓冲溶液的配制方法为：取磷酸二氢钾 0.68g，加 0.1mol/L 氢氧化钠溶液 29.1mL，用水稀释至 100mL，即得缓冲溶液。

所述 3-氯-2-羟丙基三甲基氯化铵水溶液中的 3-氯-2-羟丙基三甲基氯化铵的质量浓度为 64%。

产品特性 本品具有增强木材抵抗菌腐和虫害侵蚀的作用，毒性小、可抑制木腐菌的作用，延长木材使用寿命的同时大大减低防腐剂流失对环境的污染。

配方 16 木材用环保型防腐剂

原料配比

原料		配比(质量份)					
		1#	2#	3#	4#	5#	6#
季铵盐类	单双链季铵盐	30	25	30	30	—	—
	单链季铵盐 ADBAC	—	—	—	—	30	—
	双链季铵盐	—	—	—	—	—	30
氧化胺	十六烷基氧化胺	—	10	—	—	10	10
	十八烷基氧化胺	10	—	10	10	—	—
石蜡		30	30	26	10	—	—
石蜡微乳液		—	—	—	—	20	20
防虫剂	吡虫啉	2	2	—	—	10	10
	呋虫胺	—	—	1	10	—	—
醇类助溶剂	乙二醇	8	10	—	—	—	—
	1,2-丙二醇	—	—	10	20	20	20
咪唑类	环唑醇	10	8	—	—	5	5
	戊唑醇	—	—	8	5	—	—
水		10	15	15	15	5	5

制备方法

(1) 准备季铵盐类原药浓度为 0.05%～10%，氧化胺类 0.1%～30%；咪唑类 0.05%～2%，防虫剂 0.01%～2%。

(2) 将咪唑类原药、防虫剂原药溶解在季铵盐的胺类溶液中，混合速度为 80～120r/min，混合时间为 20～30min，溶解过程在 20～60℃ 的条件下完成，并加入助溶剂。

(3) 待咪唑类原药、防虫剂原药完全溶解，形成稳定的油相后，边搅拌边依次加入石蜡类防水添加剂，在 20～60℃ 条件下加热并以 100～800r/min 的速度搅拌 30～50min，即得到新型环保木材防腐剂。

产品特性

(1) 本品具有环保、高效的木材防腐效果，可以有效地提高木材的防腐性能，延长木材的保存时间。

(2) 本品具有防虫防蚁，抗菌防藻，防水等优点。

(3) 本品不含铬、砷、铜等元素，绿色环保，安全性高，可以有效地保证木材安全，保护人们的身体健康。

(4) 本品制备工艺简单，易于生产。

配方 17 家具用板材的防霉防腐剂

原料配比

原料	配比(质量份)			原料		配比(质量份)		
	1#	2#	3#			1#	2#	3#
水	100	100	100	助剂		3	3	2
中康酸	4	5	6		云木香	10	10	10
甲基膦酸二甲酯	2	1	1		泽泻	3	3	3
乙酰苯胺	3	1	2		黄芪	5	5	5
2,4-二硝基苯酚钠	0.3	0.5	0.6	助剂	千里光	8	8	8
右旋苯醚氰菊酯	0.7	0.5	0.4		地榆	6	6	6
六甲基二硅脲	0.2	0.5	0.3		白蔹	3	3	3
硝化甘油	3	2	1		金礞石	2	2	2
聚丙烯酸钠	0.8	0.5	0.7		水	适量	适量	适量

制备方法 将各组分原料混合均匀即可。

所述助剂的制备方法是：将所述原料混合后用相当于其质量 4~5 倍的水煎煮，煎煮时间为 2~3h，煎煮过程中每 15min 搅拌一次，每次搅拌 20s；煎煮三次，收集滤液合并，浓缩至原体积的 1/10 即得。

产品应用 所述防霉防腐剂的使用方法为：将板材完全浸入防霉防腐剂中，在压强 1.15~1.3MPa、温度 40~45℃ 的条件下，浸泡 15~18h。

在使用防霉防腐剂前，先使用质量浓度为 2% 的尿素溶液浸泡板材 30~40h；在浸泡的同时使用超声波装置，超声波装置工作频率为 22~24kHz，每隔 5min 使用一次，每次工作时长为 5s。

产品特性 本品制备方法简单，在涂布面漆前对板材进行浸泡处理，使板材性能稳定、抗氧化性强，起到防潮、防霉效果，同时还能改善板材表面活性，提高面漆在板材上的表面活性，使面漆在板材表面稳定，避免涂漆不均匀的情况，从而提高木质家具的品质。

配方 18 具有茶多酚的木材防腐剂

原料配比

原料	配比(质量份)	原料	配比(质量份)
	2#		2#
硼酸	12	茶多酚	3
八硼酸二钠	4	硫酸铵	42
双氰铵	12	氧化铜	2
氟化钠	6	羧甲基纤维素	3

制备方法

(1) 将氧化铜、双氰铵和硫酸铵混合均匀，在 50~80℃ 条件下搅拌 2h

以上；

（2）冷却到 30～40℃后，加入硼酸、八硼酸二钠、氟化钠，混合均匀，自然冷却，当温度低于 25℃以下后，再加入茶多酚和羧甲基纤维素，混合搅拌均匀即可。

产品特性

（1）本品应用到木材中时，能更好地达到抑菌、防虫的目的，有效延长使用寿命，效果更加显著。

（2）本品的配方中没有采用含有砷、铬等的物质，不具有毒性，环保效果极佳。

（3）本品不仅能有效达到抑制和杀灭室内细菌、驱虫的目的，而且能达到去除木材和室内的甲醛，起到净化空气的作用，通过本品处理后的木板能散发出清香的茶气息，更好地达到提神醒脑的作用，持续时间较长，气味挥发时间可长达 3 年以上。

配方 19　具有杀菌功效的木材防腐剂

原料配比

原料	配比（质量份）				
	1#	2#	3#	4#	5#
纳米氧化银	10	30	20	20	20
乙酸	20	30	25	25	25
二氯丙烯胺	10	20	15	15	15
过氧乙酸	10	20	15	15	15
聚乙二醇	25	35	30	30	30
丙烯酰胺	10	20	15	15	15
蛇床	10	15	12	12	12
丙三醇	—	—	—	20	30

制备方法　将各组分原料混合均匀即可。

产品特性　本品中纳米氧化银和乙酸均具有良好的防腐蚀功能，能够用于木材的防腐；所述二氯丙烯胺、过氧乙酸、丙烯酰胺和蛇床均具有杀菌功效；所述聚乙二醇用于氧化木材；本品所述各个组分相互作用，不仅具有防腐作用，而且还具有杀菌作用。

配方 20　长效性的木料防腐剂

原料配比

原料	配比（质量份）		原料	配比（质量份）	
	1#	2#		1#	2#
氟硅酸钠	5～10	8～10	咪唑烷基脲	5～10	8～10
山梨酸钾	5～8	5～8	异噻唑啉酮	5～10	8～10

制备方法　将各组分原料混合均匀即可。

产品特性　氟硅酸钠、山梨酸钾、咪唑烷基脲、异噻唑啉酮使得该木料防腐剂具有很好的效果。

配方 21　抗流失水基木材防腐剂

原料配比

原料		配比(质量份)		
		1#	2#	3#
预制液		100	100	100
硼酸三甲酯		20	25	30
十二烷基苯磺酸钠		3	4	5
预制液	阳离子化松香稠液	30	35	40
	石榴皮提取液	10	13	15
	蛋白提取液	8	9	10
阳离子化松香稠液	松香	3	3	3
	异丙醇	4	4	4
	氢氧化钠	1	1	1
	环氧氯丙烷	3	3	3
	三乙胺	2.1	2.25	2.4
石榴皮提取液	石榴皮粉碎物	1	1	1
	水	20	20	20
	亚硫酸钠	0.0005	0.0006	0.0008
蛋白提取液	大豆	1	1	1
	牛奶	1	1	1
	50%的氯化钠溶液	3	3	3

制备方法

(1) 将松香和异丙醇以及氢氧化钠装入带有温度计和搅拌器以及回流装置的四口烧瓶中,放入水浴锅中加热升温,保温搅拌,再向四口烧瓶中加入环氧氯丙烷和三乙胺,回流反应后蒸馏回收未反应的环氧氯丙烷和三乙胺,得到阳离子化松香稠液;所述的松香和异丙醇以及氢氧化钠的质量份比为3:4:1;加热升温的温度为60~70℃,保温搅拌时间为20~30min,环氧氯丙烷的加入量与松香相等,三乙胺的加入量是松香质量的70%~80%,回流反应的温度为75~85℃,回流反应的时间为18~20h。

(2) 称取石榴皮粉碎20~30min,得到石榴皮粉碎物,将石榴皮粉碎物和水混合后得到混合液,再向混合液中加入亚硫酸钠,油浴加热升温,保温提取3~5h,过滤分离得到滤液,即为石榴皮提取液;所述的石榴皮粉碎物和水的质量份比为1:20,亚硫酸钠的加入量为石榴皮质量的0.5%~0.8%,加热升温的温度为 100～105℃。

（3）将大豆和牛奶以及氯化钠溶液混合后加热升温，保温搅拌提取 40～60min，过滤分离去除滤渣，得到蛋白提取液；所述的大豆和牛奶以及氯化钠溶液的质量份比为 1∶1∶3，氯化钠溶液的质量分数为 50%，加热升温的温度为 50～60℃。

（4）按质量份计，称取 30～40 份阳离子化松香稠液、10～15 份石榴皮提取液、8～10 份蛋白提取液依次装入带有搅拌器的三口烧瓶中，启动搅拌器搅拌混合得到预制液；所述的搅拌混合的转速为 200～300r/min，搅拌混合的时间为 20～30min。

（5）向上述装有预制液的三口烧瓶中加入硼酸三甲酯和十二烷基苯磺酸钠，将三口烧瓶移入水浴锅中，加热升温，搅拌反应 1～2h 后出料，即得抗流失水基木材防腐剂。所述的硼酸三甲酯的加入量为预制液质量的 20%～30%，十二烷基苯磺酸钠的加入量为预制液质量的 3%～5%，加热升温的温度为 50～60℃，搅拌反应的时间为 1～2h。

产品特性 本品首先以松香作为原料，经化学改性制得阳离子化松香稠液，然后分别从石榴皮和大豆中提取得到富含单宁和蛋白质的提取液，再将阳离子化松香稠液和提取液共混，与硼酸三甲酯反应，最终制得含有硼酸盐的抗流失水基木材防腐剂。使用时硼酸盐随同水基浸入木材内部，既起到了防腐作用，又起到了填充木材间隙，提高木材致密度的作用，使得水分难以进入木材内部，进一步提高木材的防腐性。

配方 22　绿色环保型木材防腐剂

原料配比

原料		配比（质量份）		
		1#	2#	3#
山苍子精油		10（体积份）	20（体积份）	15（体积份）
甲醇		30（体积份）	32（体积份）	31（体积份）
十二烷基苯磺酸钙		10	12	11
苯乙基酚聚氧乙烯醚		8	10	9
混合料液		40（体积份）	50（体积份）	45（体积份）
山苍子精油	山苍子	3	5000	4000
	1%氯化钠溶液	1.5	2	1.8
	去离子水	20（体积份）	30（体积份）	25（体积份）
混合料液	木聚糖	3	5	4
	改性硼酸锌	1	3	2
	去离子水	100（体积份）	200（体积份）	150（体积份）
	纳米二氧化硅	0.1	0.2	0.2
	六偏磷酸钠	1.5	3	1.8

原料		配比(质量份)		
		1#	2#	3#
改性硼酸锌	硼酸	4	5	5
	去离子水	80(体积份)	100(体积份)	90(体积份)
	氧化锌	1.0	1.2	1.1
	壳聚糖	0.05	0.1	0.08
	海藻酸钠	0.05	0.05	0.08

制备方法

(1) 称取 4～5g 硼酸加入 80～100mL 去离子水中，加热至 80～90℃并以 300～400r/min 的速度搅拌 15～20min，再加入 1.0～1.2g 氧化锌，继续搅拌 6～8h，得混合液，向混合液中继续添加 0.05～0.1g 壳聚糖、0.05～0.1g 海藻酸钠，持续搅拌 1～2h，随后过滤，将滤渣置于干燥箱中，在 105～110℃下干燥至恒重，得改性硼酸锌，备用；

(2) 称取 3～5kg 山苍子，浸泡在 1～2L 质量分数为 1% 的氯化钠溶液中 8～10h，再将山苍子转入打浆机中匀浆，得山苍子浆料，将山苍子浆料装入蒸馏釜中，并加入 20～30L 去离子水，再用 300W 超声波超声 10～15min，随后加热至沸腾，冷凝收集并静置分层，取上层清液，得山苍子精油，备用；

(3) 称取 3～5g 木聚糖、1～3g 步骤 (1) 制备的改性硼酸锌加入 100～200mL 去离子水中，以 500～600r/min 的速度搅拌 20～30min，再加入 0.1～0.2g 纳米二氧化硅、1.5～3.0g 六偏磷酸钠，在 20～25℃恒温水浴下，以 400W 超声波超声分散 30～40min，得混合料液；

(4) 量取 10～20mL 步骤 (2) 制备的山苍子精油加入 30～32mL 甲醇中，以 300～400r/min 的速度搅拌 15～20min，再加入 10～12g 十二烷基苯磺酸钙、8～10g 苯乙基酚聚氧乙烯醚，继续搅拌 20～30min，随后加入 40～50mL 上述混合料液，在 25～30℃恒温水浴下，持续搅拌 1～2h，得绿色环保型木材防腐剂。

产品应用 本品的应用方法：首先将木材表面打磨均匀，再将本品以 100～150g/m² 涂覆量涂刷在木材表面，待木材表面晾干后，得干燥防腐层，随后打磨防腐层至表面光滑，再取 50～100g 防腐剂涂刷于打磨后的防腐层表面即可。经检测，涂刷本品的绿色环保型木材防腐效果提高 92%～96%，具有渗透性好、抗流失性强的优点，且制备及使用过程中无毒副产物产生，符合环保理念。

产品特性

(1) 从天然植物山苍子中提取的含有柠檬醛、香茅醛等的山苍子油与木聚糖、改性硼酸锌、纳米二氧化硅复配，提高了木材防腐性能、抗流失性及抗老化性，具有广阔的应用前景。

（2）本品制备工艺简单，成本低，制得的防腐剂性能优良，且无毒、环保，适用范围宽广。

（3）本品具有稳定性好、使用量小的优点。

配方 23　马尾松木材的复配型铜化物防腐剂

原料配比

原料	配比（质量份）					
	1#	2#	3#	4#	5#	6#
8-羟基喹啉铜	0.05	0.1	0.2	0.3	0.4	0.5
戊唑醇	0.05	0.1	0.2	0.3	0.4	0.5
冰乙酸	5.00	5	10	10	20	20
二癸基二甲基氯化铵	5.00	5	10	10	20	20
水	加至100	加至100	加至100	加至100	加至100	加至100

制备方法　按量称取各原料，先将 8-羟基喹啉铜和冰乙酸在 30℃ 恒温水浴下混合。使 8-羟基喹啉铜充分溶解，再加入戊唑醇、二癸基二甲基氯化铵和水，搅拌均匀，得到复配型铜化物防腐剂。

产品应用　用于木材防腐的步骤如下：

（1）将新鲜马尾松锯解，加工成标准样，不经干燥，刨光。

（2）用上述配制好的复配型铜化物防腐剂将马尾松木材在常温常压下冷浸处理 3min。

（3）浸渍完成后，清理干净马尾松木材表面的防腐剂液体。

（4）将经过防腐剂处理后的马尾松木材放入微波真空干燥箱，在压力 0.04MPa、干燥温度 60℃、微波功率 700～800W 环境下连续干燥至马尾松木材含水率小于 15%；微波工作频率为 2440～2460MHz，微波输入电压为210～230V。

（5）将微波真空干燥处理后的马尾松木材开放式堆垛，放置于自然环境下。

产品特性

（1）本品具有优秀的广谱杀菌性、抗流失性和抑菌能力，价格低廉，对人、畜毒性低。本品的防腐方法能够显著提高马尾松木材对腐朽菌、蓝变菌、霉菌的防治效力，显著降低木材被真菌侵染的被害值，而且工艺简单、操作便捷、能耗小，可以有效降低生产成本。

（2）马尾松木材经过防腐剂浸渍处理后，针对马尾松木材渗透性好的特点，采用微波真空干燥技术处理，木材内部的水分移动和向外蒸发速度加快，缩短干燥时间；采用低温干燥马尾松木材，不仅能避免微波干燥过程中马尾松木材因温度过高而出现内裂和内部烧焦的缺陷，而且能快速降低木材含水率，提高干燥速率，降低了防腐工艺能耗，可有效节约生产成本。

配方 24　高效木材防腐剂

原料配比

原料		配比(质量份)				
		1#	2#	3#	4#	5#
二苯基甲烷二异氰酸酯		30	40	32	37	35
环氧丙烷		5	15	8	12	10
聚丙烯腈基碳纤维		15	25	18	22	20
溴丙酮		1	10	4	7	5
有机溶剂	乙酸乙酯	20	—	—	—	25
	乙醚	—	30	—	—	—
	甲苯	—	—	22	—	—
	苯	—	—	—	27	—

制备方法　将二苯基甲烷二异氰酸酯溶于有机溶剂中,加热至 50~60℃,加入环氧丙烷,搅拌 0.5~2h,然后升温至 140~160℃,加入聚丙烯腈基碳纤维,继续搅拌 1~2h,降温至 50~60℃,再加入溴丙酮,搅拌 0.5~1h,降至室温即得木材防腐剂。

产品特性　本品具有药效高、使用量低、稳定性能好的特点,可使处理后的木、竹材或木、竹制品具有良好的防腐和防虫性能。本品低毒、对环境和人无害。本品制备工艺简单,原料易得,且不需要苛刻的反应条件,极大地降低了成本。

配方 25　含纳米氧化铜微粒的木材用防腐剂

原料配比

原料	配比(质量份)	原料	配比(质量份)
纳米氧化铜微粒	12	环烷酸铜	1.5
焦亚硫酸钠	4	乙酸	4
戊唑醇	2	去离子水	加至 100
聚乙二醇	7		

制备方法

(1) 选材备料,该木材防腐剂的主要成分及其质量分数为:纳米氧化铜微粒 12%、焦亚硫酸钠 4%、戊唑醇 2%、聚乙二醇 7%、环烷酸铜 1.5%、乙酸 4%,其余为去离子水。

(2) 配制基础液:基础液由定量的焦亚硫酸钠、戊唑醇、环烷酸铜和去离子水配制而成,去离子水的含量约为其总量的 70%。配制过程如下:首先,将焦亚硫酸钠、戊唑醇和去离子水添加至反应釜,反应釜温度控制在 80℃左右,均匀搅拌 25min,待其完全溶解;然后,添加环烷酸铜,反应釜温度降至 60℃,搅拌 15min 左右;最后,在室温下冷却并过滤。

（3）配制氧化铜分散液，配制过程如下：首先，将定量的纳米氧化铜微粒和聚乙二醇添加至搅拌桶，搅拌桶温度控制在 45℃ 左右，高速搅拌 6～7min，搅拌桶转速控制在 300r/min；然后，添加定量的去离子水，去离子水的含量为其总量的 30%；接着，将搅拌桶温度维持在 40℃ 左右，继续搅拌 5min；最后，冷却至室温，备用。

（4）混合配制：将配制的氧化铜分散液和基础液添加至反应釜并加热，温度控制在 32℃ 左右，均匀搅拌 16～18min，滴加乙酸进行 pH 值调定，在乙酸的滴加过程中不断搅拌混合液，调定后混合液的 pH 值介于 7.0～7.5 之间；

（5）防腐剂后处理：后处理工艺包括混合液的静置过滤、防腐剂的成品检验、成品桶装及贮藏等。

原料介绍

所述的纳米氧化铜微粒的平均颗粒直径为 10～15nm。

所述的纳米氧化铜微粒使用聚乙二醇水溶液进行分散处理。

产品应用 本品主要用于各类天然木材、纤维板、刨花板制品及加工件的防腐。

产品特性 本品制备工艺简便，成本适中，具有良好的使用性能，且在制备及使用过程中无毒副产物产生，符合环保理念。

配方 26 以农业废弃物制作木材防腐剂

原料配比

原料		配比（质量份）		
		1#	2#	3#
馏出液		1000（体积份）	1000（体积份）	1000（体积份）
木醋液		30	40	50
馏出液	秸秆	100	100	100
	松叶	200	200	200
	互花米草	400	400	400
	复合有机溶剂	适量	适量	适量

制备方法 将秸秆、松叶、互花米草以及复合有机溶剂放入高压釜中，迅速加热到 120～150℃ 并保持 2h，反应后得到秸秆液化产物和残渣，滤液进行蒸馏、静置，得到馏出液，取上述馏出液，并加入木醋液，缓慢加入 pH 调节剂调液体 pH 值在 6.5～7.5。

原料介绍 所述复合有机溶剂为聚乙二醇、丙二醇、无水乙醇、二甲基乙酰胺、苯甲醇中的任意一种。

产品应用 本品是一种木材防腐剂。

产品特性

（1）本品主要原料为秸秆、松叶、互花米草，成本低廉，特别适合北方小麦主产区；加入木醋液，并通过 pH 调节剂调液体 pH 值在 7 左右，稳定性高。实验表明，本溶剂具有良好的防腐性能，特别对杨木具有很好的防腐性，并且无毒，环保性高，不含砷或铬等有毒物质。

（2）本品制备简便，防腐效果良好，制备成本低。

配方 27　高效环保木材防腐剂

原料配比

原料	配比（质量份）		
	1#	2#	3#
8-羟基喹啉铜	5	8	7
氯菊酯	6	9	8
2-乙基己酸镍	3	5	4
十二烷基苯磺酸钠	1	3	2
惰性溶剂油	8	12	10
氨基甲酸正丁基碘代炔丙酯	5	15	10
重铬酸钾	0.5	0.8	0.7
壳聚糖锌	5	8	7
硫酸铵	0.5	0.8	0.7
聚乙二醇-聚己内酯	5	15	10
反-2,2-二甲基-3-(2,2-二氯乙烯基)环丙烷羧酸酯	15	25	20

制备方法　将各组分原料混合均匀即可。

产品特性　本品原料易得，高效环保，无污染，无味无毒，各组分的互溶性好，具有优异的配位性和稳定性，其各功能全面得到提高，具有良好的防腐性能。

配方 28　天然木材防腐剂

原料配比

原料		配比（质量份）		
		1#	2#	3#
液体产物 A		1000（体积份）	1000（体积份）	1000（体积份）
酶解液 B		200（体积份）	200（体积份）	200（体积份）
木醋液		30	30	50
液体产物 A	秸秆	1000	1000	1000
	松叶	200	400	200
	有机溶剂	适量	适量	适量
酶解液 B	互花米草	500	300	500
	梧桐叶	100	100	100
	蒲公英	100	100	100
	蒸馏水	10～16	10～16	10～16
	甘露聚糖酶	0.0005	0.0005	0.0005

制备方法

(1) 将秸秆、松叶以及复合有机溶剂放入高压釜中，迅速加热到 120～150℃并保持 2h，反应后得到秸秆液化物和残渣，滤液进行蒸馏、静置，得到液体产物 A。

(2) 将互花米草、梧桐叶、蒲公英混合进行微粉碎，并用 20 目的筛网过筛，弃掉粗大原料形成初原料，在上述初原料中加入 10～16 份蒸馏水，加热至 80～85℃，然后加入 0.0005 份甘露聚糖酶进行酶解，得到酶解液 B。

(3) 取上述液体产物 A 与酶解液 B 混合，并加入木醋液，缓慢加入 pH 调节剂调液体 pH 值在 6.5～7.5。

原料介绍 有机溶剂可以选用聚乙二醇、无水乙醇、丙二醇、二甲基乙酰胺、苯甲醇等。

产品特性 本品主要原料为秸秆、松叶、互花米草，成本低廉，特别适合北方小麦主产区；加入木醋液，并通过 pH 调节剂调液体 pH 值在 7 左右，稳定性高；本品具有良好的防腐性能，特别对杨木具有很好的防腐性，并且无毒，环保性高，不含砷或铬等有毒物质。

配方 29 具有杀菌杀虫作用的木材防腐剂

原料配比

原料	配比（质量份）			原料		配比（质量份）		
	1#	2#	3#			1#	2#	3#
丙三醇	3	5.5	8	天然抗菌草药提取液	苦参	2	3	4
硼酸	6	8	10		黄连	1	2	3
三聚磷酸铝	6	8	10		连翘	1	2	3
丙酸钙	5	6.5	8		防风	2	3	4
硼酸锌	5	6.5	8		干姜	3	4	5
木质素	5	10	15		甘草	2	2.5	3
百菌清	5	7.5	10		百部	1	1.5	2
天然抗菌草药提取液	30	35	40					

制备方法 将各组分原料混合均匀即可。

产品特性 本品具有广谱杀菌和杀虫作用，防腐效果好，同时毒性较小，对环境和人体无危害。

配方 30 复配型木材防腐剂

原料配比

原料	配比（质量份）	原料	配比（质量份）
油酸钠	25	苯乙醇	10
氢氧化钠	28	乙二醛	10
倍半碳酸钠	20	水	80

制备方法　将各原料混合，加水，搅拌均匀，即得。

产品特性　本品具有优良的防腐效果，环保性好，使用效果好且方便。

配方 31　持久性木材防腐剂

原料配比

原料	配比(质量份)			原料	配比(质量份)		
	1#	2#	3#		1#	2#	3#
双癸基二甲基氯化铵	15	9	12	戊唑醇	3	1	2
硫酸锌	10	8	9	硫酸氢铵	2	1	1.5
三溴苯酚	8	6	7	助溶剂	1.6	0.8	1.2
乙烯醇	8	6	7	水	加至100	加至100	加至100
八硼酸二钠	8	6	7				

制备方法　将各组分原料混合均匀即可。

产品特性　本防腐剂具有保质期长，防腐效果好，无色无味，可防霉防虫等优点。

配方 32　魔芋木材防腐剂

原料配比

原料	配比(质量份)			
	1#	2#	3#	4#
含水率为10%的粉末状的魔芋原料	1	—	—	—
含水率为8%的粉末状的魔芋原料	—	2	—	—
含水率为6%的粉末状的魔芋原料	—	—	3	—
含水率为5%的粉末状的魔芋原料	—	—	—	4
60%的乙醇溶液	100	—	—	—
65%的乙醇溶液	—	100	—	—
70%的乙醇溶液	—	—	100	—
80%的乙醇溶液	—	—	—	100
蒸馏水	适量	适量	适量	适量

制备方法

(1) 将魔芋原料粉碎至 1～5mm，在 85～100℃下干燥至含水率为 5%～15%。

(2) 将 50%～95% 的乙醇溶液作为溶剂 [料液配比为 (1～5)∶100]，对粉末状的魔芋原料进行提取。

(3) 采用常压过滤或真空抽滤法进行过滤，滤除固体。

(4) 将滤液在旋转蒸发装置中浓缩，温度 60～80℃，浓缩至固体状。乙醇由冷凝装置冷却后回收，循环使用。

(5) 将固体粉碎，以蒸馏水为溶剂，配成悬浮液。

原料介绍　所述的魔芋原料包括魔芋及魔芋加工剩余物。

所述的魔芋加工剩余物包括魔芋皮、魔芋杆、魔芋飞粉。

产品特性

(1) 本品充分利用现有的植物资源，开发与生物、环境和谐的绿色植物源防腐剂，提高农林产品加工剩余物的利用率，为魔芋的综合开发、利用提供新的途径。

(2) 本品可有效抑制霉菌、腐朽菌的生长。与化学防腐剂相比，不含有重金属离子，使用安全，不会对环境造成污染。

配方 33　木材防霉变防腐剂

原料配比

原料		配比（质量份）											
		1#	2#	3#	4#	5#	6#	7#	8#	9#	10#	11#	12#
hydrangenone（绣球烷酮）		20	18	15	12	10	8	5	2	1	1	1	1
毛钩藤碱		1	1	1	1	1	1	1	1	1	3	5	10
辅助配方	聚乙烯吡咯烷酮	2	2	2	2	2	2	2	2	2	2	2	2
	正丁醇	4	4	4	4	4	4	4	4	4	4	4	4
	水	加至100	加至100	加至100	加至100	加至100	加至100	加至100	加至100	加至100	加至100	加至100	加至100

制备方法　将各组分原料混合均匀即可。

产品特性　hydrangenone 与毛钩藤碱配伍在特定的比例下具有很好的防霉效果，特别是在 hydrangenone 与毛钩藤碱的质量份之比为（10～12）：1，其协同防霉效果非常明显，而且毒性小，健康环保。

配方 34　环保木材防腐剂

原料配比

原料	配比（质量份）			原料	配比（质量份）		
	1#	2#	3#		1#	2#	3#
芥菜籽	3	5	4	黄连	5	2	3
丁香	2	6	4	十二烷基二甲基苄基氯化铵	0.05	0.01	0.03
肉桂	3	5	4	氯化钠	3	1	2
迷迭香	2	4	3	水	适量	适量	适量
鼠尾草	5	3	4				

制备方法

(1) 将芥菜籽、丁香、肉桂、迷迭香、鼠尾草、黄连洗净晾干；

(2) 按配比称取上述原料，捣碎，放入盛有水的反应釜中混匀，其中原料与水的质量比为1：8；

(3) 浸泡1～2h后升温至煮沸，保温1h；

(4) 将收集的药液过滤除去滤渣，得滤液；

(5) 待滤液自然冷却至50～60℃时，按配方称取十二烷基二甲基苄基氯化铵和氯化钠,加入滤液中,搅拌混匀,即得。

产品应用 防腐剂的使用:采用浸渍法将需要进行处理的木材投入盛有该防腐剂的浸渍池中至完全浸没,加热至 40℃,保温 1h,再升温至煮沸,保温 1h,自然降温至室温,捞出,用水清洗后晾干。

产品特性 本品环保安全,具有杀菌和杀虫作用,对多种腐朽菌和害虫有较强的杀灭和抑制能力;具有清香味道,具备一定的安神功效;原料成本低,是纯化学品处理剂成本的 1/3;氯化钠不但对微生物和害虫有杀灭和抑制作用,且渗透力强,能有效将药水渗入木材中,同时维持木材的中性 pH 值,使得木材坚固耐用,具有较长的保存时间;少量的十二烷基二甲基苄基氯化铵可增强该处理剂的防腐、杀菌能力,具有一定的分散、渗透作用,同时具有一定的除臭能力和缓蚀作用。本品工艺简单、操作方便、效果好。

配方 35　液体木材防腐剂

原料配比

原料	配比(质量份)		原料		配比(质量份)	
	1#	2#			1#	2#
己唑醇衍生物	6	8	乳化剂	十二烷基苯磺酸钙		5
戊唑醇	7	6		苯乙基酚聚氧乙烯醚		8
氯菊酯	2	3		磷酸酯类表面活性剂		13
有机溶剂	45	32	机溶剂	环己酮		24
水	18	25		甲醇		8
乳化剂	22	26				

制备方法

(1) 将己唑醇衍生物、戊唑醇和氯菊酯用适当的溶剂溶解,形成均匀透明的油相,再加入一定量的乳化剂,使乳化剂与溶液混合均匀;

(2) 在乳化温度 25℃、搅拌速度 600~800r/min 的条件下加入水,使体系逐渐由油包水型转化为水包油型,搅拌 30min 形成稳定、均匀、透明的微乳剂。

产品特性 本品低毒、环境友好,应用范围广,成本低廉。该品为均相、透明的液体,在低温条件和高温条件下,防腐剂性能稳定,稀释性好;在 −18℃下冷冻,融化后能恢复均相透明状态,且稀释稳定性无明显变化。

配方 36　木材制品防腐剂

原料配比

原料	配比(质量份)		
	1#	2#	3#
生物抗菌剂溶液	1	1	1
水包油型乳液	1	1	1

原料			配比（质量份）		
			1#	2#	3#
生物抗菌剂溶液	改性淀粉溶液		5（体积份）	5（体积份）	5（体积份）
	木醋液		1（体积份）	1（体积份）	1（体积份）
	壳聚糖		0.05	0.06	0.07
	纳他霉素		0.001	0.002	0.003
水包油乳液	白色乳液		1	1	1
	水		20	20	20
改性淀粉溶液	改性淀粉		30	35	40
	去离子水		200	250	300
白色乳液	混合液		1	1	1
	植物油	大豆油	2	—	—
		花生油	—	2	—
		芝麻油	—	—	2
改性淀粉	反应物		1	1	1
	丙酮		10	10	10
混合液	非离子表面活性剂	壬基酚聚氧乙烯醚	3	—	—
		吐温-20	—	3	—
		司盘-80	—	—	3
	两性表面活性剂	十二烷基二甲基甜菜碱	2	—	—
		十二烷基磺丙基甜菜碱	—	2	—
		十二烷基乙氧基磺基甜菜碱	—	—	2
	杀菌剂	苯甲酸钠	1	—	—
		三唑醇	—	1	—
		富马酸二甲酯	—	—	1
反应物	玉米淀粉分散液	玉米淀粉	1	1	1
		去离子水	4	4	4
	高碘酸钠（占玉米淀粉分散液的质量分数）		3%	4%	5%

制备方法 按质量比1:4称取玉米淀粉和去离子水混合，以800~1000r/min转速搅拌混合1~2h，得玉米淀粉分散液，向玉米淀粉分散液中加入玉米淀粉分散液质量3%~5%的高碘酸钠，搅拌混合20~30min后用15%盐酸溶液调节pH值为4.0~5.0，得反应物，将反应物装入三口烧瓶中，放入水浴锅中，设置水浴温度为80~90℃，保温搅拌反应3~5h；反应结束后，按质量比1:10将反应物与丙酮混合，搅拌混合30~50min后过滤，得滤渣，放入烘箱中，在55~65℃下干燥5~7h，得改性淀粉；按质量比3:2:1分别取非离子表面活性剂、两性表面活性剂和杀菌剂混合，得混合液；再按质量比1:2将混合液和植物油混合，以400~500r/min转速搅拌混合30~40min形成白色乳液；按质量比1:20将白色乳液和水混合，以1000~1200r/min转速搅拌30~50min，得水

包油型乳液；称取 30～40g 改性淀粉加入 200～300g 去离子水中，加热至 60～70℃，搅拌至改性淀粉完全溶解得改性淀粉溶液；按体积比 5∶1 将改性淀粉溶液和木醋液混合，搅拌混合 50～70min 后依次加入木醋液质量 5%～7% 的壳聚糖和木醋液质量 0.1%～0.3% 的纳他霉素，继续搅拌 1～3h 后得生物抗菌剂溶液；将生物抗菌剂溶液和水包油型乳液按质量比 1∶1 混合，混合 5～7h 后装罐，即可得到木材防腐剂。

原料介绍　所述的非离子表面活性剂为壬基酚聚氧乙烯醚、吐温-20 和司盘-80 中的一种。

所述的两性表面活性剂为十二烷基二甲基甜菜碱、十二烷基磺丙基甜菜碱和十二烷基乙氧基磺基甜菜碱中的一种。

所述的杀菌剂为苯甲酸钠、三唑醇和富马酸二甲酯中的一种。

所述的植物油为大豆油、花生油、芝麻油、茶籽油中的一种或多种。

产品应用　本品主要应用于室内外家具、建材及园林建筑装修领域。

产品特性

(1) 本品具有较好的防霉、防虫及防腐效果，绿色环保，使用后不会对环境及人体造成损害，防效时间长。

(2) 水包油型乳液为木材防腐剂的主要成分，非离子表面活性剂和两性表面活性剂具有很好的乳化性能，复合后能制备出均一、透明的微乳状液体，具有优良的稳定性，且药效高、使用量低。

配方 37　含有硅酸盐矿物的混凝土防腐剂

原料配比

原料	配比（质量份）		
	1#	2#	3#
2BaO·SiO$_2$	7	7.5	7
桐油酸	0.02	0.04	0.03
硅酸盐矿物	0.5	1	0.7

制备方法　将煅烧的 2BaO·SiO$_2$ 与桐油酸在球磨机中共同球磨到比表面积不小于 300m^2/kg，然后加入硅酸盐矿物，搅拌均匀。

原料介绍　所述硅酸盐矿物的分子组成为 $(\frac{1}{2}Ca,Na)_{0.7}(Al,Mg,Fe)_4$ $(Si,Al)_8O_{20}(OH)_4 \cdot nH_2O$。

产品应用　本品是一种用于混凝土内防止混凝土受到含硫酸盐介质腐蚀的产品。

产品特性　该防腐剂掺入混凝土中能有效提高混凝土抗硫酸盐腐蚀的能力，由此增加的成本要比采用抗硫酸盐类波特兰水泥低得多。

配方 38 纳米氧化银木材防腐剂

原料配比

原料	配比(质量份)				
	1#	2#	3#	4#	5#
纳米氧化银	10	30	20	20	20
乙酸	20	30	25	25	25
硼酸钾	10	20	15	15	15
聚乙二醇	25	35	30	30	30
木质素	15	25	20	20	20
丙三醇	—	—	—	20	30

制备方法 将各组分原料混合均匀即可。

产品特性 本品所述纳米氧化银、乙酸和硼酸钾均具有良好的防腐功能,所述聚乙二醇和木质素能够保养木材;本品所述各个组分相互配合,不仅能够防腐,而且能达到保养木材的效果。

配方 39 含中药抑菌剂的木材防腐剂

原料配比

原料		配比(质量份)		
		1#	2#	3#
复合硼化物		3	5	6
单宁酸		15	20	30
去离子水		100(体积份)	150(体积份)	200(体积份)
十二烷基苯磺酸钙		1.0	1.1	1.2
苯乙基酚聚氧乙烯醚		0.8	0.9	1.0
中药抑菌剂		5	8	10
复合硼化物	硼砂	50	55	60
	硼酸	5	10	15
	二氧化硅	30	32	35
中药抑菌剂	微纳米黄连粉末	10	15	20
	肉桂油	30	45	60

制备方法

(1) 取 50~60g 硼砂、5~15g 硼酸、30~35g 二氧化硅,装入研钵中研磨 1~2h,再装入预热至 1000~1100℃的电阻炉中,加热至 1100~1200℃烧制 1~2h,冷却至室温得复合硼化物。

(2) 将黄连中药饮片装入粉碎机中粉碎,过 200 目筛,并置于干燥箱中,在 105~110℃下干燥至恒重,再转入球磨机中,以 280~330r/min 的速度球磨 4~

5h，得微纳米黄连粉末。

（3）取 10～20g 微纳米黄连粉末，加入 30～60g 肉桂油中，混合均匀后装入研钵中研磨 30～40min，得中药抑菌剂。

（4）取 3～6g 复合硼化物、15～30g 单宁酸加入 100～200mL 去离子水中，在 20～25℃恒温水浴下，以 400W 超声波超声分散 30～40min，再加入 1.0～1.2g 十二烷基苯磺酸钙、0.8～1.0g 苯乙基酚聚氧乙烯醚，以 300～400r/min 的速度搅拌 20～30min，再加入 5～10g 中药抑菌剂，在 25～30℃恒温水浴下，继续搅拌 1～2h，得木材防腐剂。

产品特性

（1）本品选用微纳米黄连粉末与肉桂油配制中药抑菌剂，利用其非常广泛的抗菌生物活性和与木材优秀的结合性能，复合无机硼化物组成有机-无机型抑菌剂，同时利用二氧化硅固着抑菌成分，与硼酸诱导单宁酸自缩聚，在木材内形成一个固体的网状结构互穿交联，达到缓释有机-无机型抑菌因子的目的，可长期有效保护木材。

（2）本品能有效提高木材的抗菌能力，改善木材防腐性能，能有效渗透进木材内部，改善经防腐处理后木材的抗流失性及抗老化性，且制备及使用过程中无毒副产物产生，符合环保理念，且不影响木材本身的色泽与加工性能。

配方 40　含褐腐菌的木材防腐剂

原料配比

原料		配比（质量份）	原料		配比（质量份）
树皮提取液		30	树皮提取液	木腐菌：褐腐菌	1
种皮发酵提取液		30		6％的葡萄糖溶液	100
20％的硫酸铜溶液		20	种皮发酵提取液	种皮：花生种皮	30
花粉	五味子花粉	20		沼液	5
壳聚糖液		50		10％的葡萄糖溶液	50
榴莲壳提取液		20	壳聚糖液	壳聚糖	1
木糖醇		20		水	100
20％～30％聚乙烯亚胺水溶液		20	榴莲壳提取液	榴莲壳	1
植物精油	迷迭香精油	20		水	30
乳化剂	磷脂	5			

制备方法

（1）将木腐菌与 5％～6％的葡萄糖溶液按质量比（1：50）～（1：100）置于 1 号烧杯中，用玻璃棒搅拌混合 10～20min，即得木腐菌液。

（2）将菌液培养的树皮剥离，得预处理树皮，将预处理树皮置于管式炉中，并以 60～80mL/min 的速率向炉内充入氮气，于 800～900℃、氮气保护条件下，热解 5～6h，得馏出液，即为树皮提取液。

（3）按质量份计，将 20～30 份种皮、3～5 份沼液、30～50 份 8%～10% 的葡萄糖溶液置于发酵釜中，于温度 28～32℃、转速 100～200r/min 条件下，发酵 5～6 天，得发酵产物，再将发酵产物过滤，得种皮发酵液，随后将种皮发酵液置于旋转蒸发仪中，于温度 80～100℃、压力 500～800kPa、转速 50～80r/min 条件下，减压浓缩 30～50min，即得种皮发酵提取液。

（4）将壳聚糖与水按质量份比（1∶50）～（1∶100）加入 2 号烧杯中，用玻璃棒搅拌混合 20～30min 后，静置溶胀 3～4h，再将 2 号烧杯移入数显测速恒温磁力搅拌器上，于温度 95～100℃、转速 400～500r/min 条件下，加热搅拌溶解 40～50min，即得壳聚糖液；将榴莲壳与水按质量比（1∶20）～（1∶30）置于 3 号烧杯中，并将 3 号烧杯置于数显测速恒温磁力搅拌器中，于温度 80～100℃、转速 100～200r/min 条件下，加热搅拌混合 40～60min，得榴莲壳混合液，再将榴莲壳混合液过滤，即得榴莲壳提取液。

（5）按质量份计，将 20～30 份树皮提取液、20～30 份种皮发酵提取液、10～20 份 10%～20% 的硫酸铜溶液、10～20 份花粉、40～50 份壳聚糖液、10～20 份榴莲壳提取液、10～20 份木糖醇、10～20 份 20%～30% 的聚乙烯亚胺水溶液、10～20 份植物精油、3～5 份乳化剂置于混料机中，于转速 1000～1200r/min 条件下，高速搅拌混合 30～50min，即得木材防腐剂。

原料介绍 所述木腐菌为褐腐菌、白腐菌或软腐菌中的任意一种。

所述木腐菌液的涂覆密度为 1～2g/cm²。

所述树皮为松树皮、杨树皮或柏树皮中的任意一种。

所述种皮为花生种皮、蚕豆种皮或大豆种皮中的任意一种。

所述花粉为五味子花粉、荷花粉、茶花粉、松花粉或玫瑰花粉中的任意一种。

所述植物精油为迷迭香精油、茉莉花精油、薰衣草精油、茶花精油或夜来香精油中的任意一种。

所述乳化剂为磷脂、卵磷脂、单甘油酯或甘油二酯中的任意一种。

产品特性

（1）本品具有优异的抑菌性能、防腐性能及抗流失性能，其防虫效果也显著提高。

（2）本品添加了种皮发酵提取液，首先，种皮发酵提取液中的种皮精油对木腐菌起到良好的抑制作用，其次，种皮精油占据了壳聚糖骨架中部分官能团的位置，降低了壳聚糖分子中共价键的振动强度，同时，膜中可以与水形成亲水键的自由羟基减少，膜的含水量降低，使得水蒸气透过系数和膨胀程度降低，从而使得膜的机械性能得到提升。壳聚糖膜将防腐剂中的有效成分固定在木材中，从而提升防腐剂的抗流失性能。另外，种皮精油对白蚁具有良好的抵抗作用。

配方 41 含桔梗皂苷木材防腐剂

原料配比

原料	配比(质量份)				
	1#	2#	3#	4#	5#
聚乙二醇	5	6	6.5	7	8
二氧化硅	1	2	2.5	2.5	4
硫酸锌	8	8.5	9	9	10
桔梗皂苷	1	1.5	2	2	3
氯化钙	3	4	4.5	4.5	6
亚硫酸钠	2	3	3.5	3.5	5
硼砂	1	1.5	2	2	3
壳聚糖	5	6	6.5	6.5	8
甲基纤维素醚	2	3	3.5	3.5	5

制备方法 将各组分原料混合均匀即可。

产品特性 本品各原料相互作用,具有很好的渗透性、防腐性,且使用安全,不会对环境造成危害。

配方 42 低毒木材防腐剂

原料配比

原料		配比(质量份)				
		1#	2#	3#	4#	5#
二苯基甲烷二异氰酸酯		30	40	32	37	35
环氧丙烷		5	15	8	12	10
聚丙烯腈基碳纤维		15	25	18	22	20
溴丙酮		1	10	4	7	5
有机溶剂	乙酸乙酯	20	—	—	—	—
	乙醚	—	30	—	—	—
	甲苯	—	—	22	—	—
	苯	—	—	—	27	25

制备方法 将二苯基甲烷二异氰酸酯溶于有机溶剂中,加热至 50~60℃,加入环氧丙烷,搅拌 0.5~2h;然后升温至 140~160℃,加入聚丙烯腈基碳纤维,继续搅拌 1~2h,降温至 50~60℃,再加入溴丙酮,搅拌 0.5~1h,降至室温即得木材防腐剂。

产品特性 本品具有药效高、低毒、使用量低、稳定性能好的特点,制备工艺简单、成本低,可使处理后的木、竹材或木、竹制品具有良好的防腐和防虫的性能。

配方 43 含菊酯木材防腐剂

原料配比

原料	配比(质量份)			
	1#	2#	3#	4#
菊酯	1	1.3	1.5	1.7
苦楝素	0.5	0.8	1	1.2
氯化钾	1	1.5	2	2.5
三聚磷酸铝	0.3	0.5	0.55	0.6
丙酸钙	0.5	1	1.25	1.5
聚乙烯醇	1	2	3	4
木质素	2	3	4	5
胡椒碱	0.5	0.7	0.75	0.8
松叶油	1	1.5	1.75	2
乙酰壳聚糖	2	3	3.5	4
硅藻土	4	5	5.5	6

制备方法 将各组分原料混合均匀即可。

产品特性 本品各个成分相互作用、相互影响，附着性好，作用均匀，具有良好的杀菌杀虫效果，且对环境无毒无害。

配方 44 复合木材防腐剂

原料配比

原料	配比(质量份)				
	1#	2#	3#	4#	5#
环烷酸锌	15	18	20	22	25
对羟基苯甲酸丙酯	5	6	7	8	10
戊唑醇	3	3	4	5	5
聚乙二醇	5	6	7	8	10
松节油	15	18	20	22	25

制备方法 将所述环烷酸锌与松节油混合均匀，得到混合液；将所述对羟基苯甲酸丙酯、戊唑醇、聚乙二醇和所述混合液混合均匀，得到所述木材防腐剂。混合速度为 100~200r/min，混合时间为 20~30min。

原料介绍 所述聚乙二醇为聚乙二醇 2000 和/或聚乙二醇 4000。

产品特性

(1) 本品为复合配方，采用多种成分混合而成，具有高效的木材防腐效果。

(2) 本品不含铬、砷元素，安全性高。

(3) 本品制备工艺简单，易于生产。

配方 45   含纳米氧化铜的木材防腐剂

原料配比

原料	配比(质量份)				
	1#	2#	3#	4#	5#
纳米氧化铜	15	18	20	22	25
乙酸	20	23	25	27	30
硼酸钠	10	12	16	18	20
山梨酸钾	8	10	12	13	15
戊唑醇	3	3	4	5	5
聚乙二醇	10	12	16	18	20
水	10	12	18	23	25

制备方法

(1) 将所述聚乙二醇和水混合均匀,得到混合液;其中,混合速度为100~200r/min,混合时间为20~30min。

(2) 将所述纳米氧化铜、乙酸、硼酸钠、山梨酸钾和戊唑醇加入所述混合液中,混合均匀,得到所述木材防腐剂;其中,混合速度为100~200r/min,混合时间为20~30min。

原料介绍   所述聚乙二醇为聚乙二醇2000和/或聚乙二醇4000。

所述纳米氧化铜的平均粒径为40~60nm。

产品特性

(1) 本品为复合配方,采用多种成分混合而成,具有高效的木材防腐效果。

(2) 本品不含铬、砷元素,安全性高。

(3) 本品制备工艺简单,易于生产。

(4) 通过合理控制混合速度和混合时间,可使制备的木材防腐剂混合得更均匀。

配方 46   复合型木材防腐剂

原料配比

原料	配比(质量份)				
	1#	2#	3#	4#	5#
硫酸锌	20	22	26	28	30
硼酸钠	10	12	16	18	20
硼酸钾	10	12	16	18	20
季铵盐	5	7	8	10	12
聚乙二醇	10	12	16	18	20
水	10	12	20	28	30

制备方法

(1) 将所述聚乙二醇和水混合均匀，得到混合液；其中，混合速度为100～200r/min，混合时间为20～30min。

(2) 将所述硫酸锌、硼酸钠、硼酸钾和季铵盐加入所述混合液中，混合均匀，得到所述木材防腐剂；其中，混合速度为100～200r/min，混合时间为20～30min。

原料介绍 所述聚乙二醇为聚乙二醇2000和/或聚乙二醇4000。

所述季铵盐为十二烷基三甲基氯化铵、十二烷基二甲基苄基氯化铵和十二烷基甲基苄基溴化铵中的至少一种。

产品特性

(1) 本品为复合配方，采用多种成分混合而成，具有高效的木材防腐效果。

(2) 本品不含铬、砷元素，安全性高。

(3) 本品制备工艺简单，易于生产。

配方 47 成本低且环保的木材防腐剂

原料配比

原料	配比（质量份）			原料	配比（质量份）		
	1#	2#	3#		1#	2#	3#
硫酸锌	10	18	14	硅藻土	12	16	14
烷基铜铵化合物	13	15	14	木质素	13	15	14
三唑	11	15	13	水	35	39	37
三溴苯酚	12	14	13	桐油	20	24	22
乙酸	8	12	10				

制备方法 将各组分原料混合均匀即可。

原料介绍 本品中的三唑类包括但不限于氟环唑、三唑醇、丙环唑、丙硫菌唑、叶菌唑、环丙唑醇、戊唑醇、氟硅唑、多效唑、氟康唑、艾沙康唑、伊曲康唑、伏立康唑、普拉康唑、雷夫康唑和泊沙康唑。

产品特性 本产品成本低廉，对环境无不良影响。

配方 48 木材防霉防腐剂

原料配比

原料		配比（质量份）		
		1#	2#	3#
木材		1	3	4
混合浸泡液		10	15	20
混合浸泡液	防腐活性剂	10	15	20
	原位固定剂	5	7	8
	渗透活性剂	2	3	4
	六亚甲基四胺	1	2	3
	单宁提取物	2	3	4
	桐油	8	9	10

原料			配比(质量份)		
			1#	2#	3#
防腐活性剂	冷却物	氯化铝	8	9	10
		间二氯苯	6	8	9
		正戊酰氯	4.8	5.67	6.5
	干燥物	冷却物	2	4	5
		盐酸(3mol/L)	10	13	15
	搅拌混合物	三甲基碘化亚砜	10	13	15
		氢化钠	1	2	3
		二甲亚砜	5	16	30
	混合液	干燥物	1	2	3
		四氢呋喃	8	9	10
	旋转蒸发物	混合液	2	3	4
		搅拌混合物	3	4	6
	搅拌混合物 a	1,2,4-三唑钠	3	4	5
		碳酸钾	8	10	12
		二甲基甲酰胺	10	15	20
	冷却物 a	旋转蒸发物	3	4	5
		搅拌混合物 a	8	9	10
	冷却物 a		1	2	3
	蒸馏水		8	9	10
原位固定剂	混合液 a	钛酸四丁酯	1	2	3
		冰醋酸	3	4	5
		无水乙醇	8	9	10
	混合液 b	80%的乙醇	8	9	10
		硝酸	3	4	5
	过筛颗粒	混合液 b	2	3	4
		混合液 a	7	8	9
	搅拌混合物 b	过筛颗粒	1	2	3
		去离子水	80	90	100
		异丙基三油酸酰氧基钛酸酯	1.6	3.6	5
		六偏磷酸钠	0.01	0.06	0.12
	搅拌混合物 b		3	4	5
	硅酸钠		1	2	3
渗透活性剂	混合物	磷钨酸	1	2	3
		硼砂	2	4	5
		水	70	75	80
	混合物		10	13	15
	糠醇树脂		1	2	3

制备方法 按质量份计，取 10~20 份防腐活性剂、5~8 份原位固定剂、2~4 份渗透活性剂、1~3 份六亚甲基四胺、2~4 份单宁提取物、8~10 份桐油混合，得混合浸泡液，取木材按质量比（1~4）:（10~20）加入混合浸泡液，置于真空加压浸渍罐中，抽真空 30~40min，于 0.8MPa 下加压、保压 2~4h，卸

压保持 28～36h，取出浸泡后木材保温，即得。所述取出浸泡后木材的保温条件为：于 60～80℃保温 2～5h，再升温至 95～105℃保温 10～15h。

原料介绍　所述防腐活性剂的制备方法如下：

（1）取氯化铝按质量比（8～10）∶（6～9）加入间二氯苯，于 0～4℃搅拌混合，再加入氯化铝质量 60%～65%的正戊酰氯，升温 65～70℃搅拌混合，升温 80～90℃保温，冷却至室温，得冷却物；取冷却物按质量比（2～5）∶（10～15）加入盐酸，于 -2～1℃静置，取沉淀，减压蒸馏，干燥，得干燥物。

（2）取三甲基碘化亚砜按质量比（10～15）∶（1～3）加入氢化钠，通入氮气保护，再加入氢化钠质量 5～10 倍的二甲亚砜搅拌混合，得搅拌混合物，取干燥物按质量比（1～3）∶（8～10）加入四氢呋喃，得混合液；取混合液按质量比（2～4）∶（3～6）加入搅拌混合物，于 50～55℃搅拌混合，过滤，取滤液旋转蒸发，得旋转蒸发物；

（3）取 1,2,4-三唑钠按质量比（3～5）∶（8～12）∶（10～20）加入碳酸钾、二甲基甲酰胺搅拌混合，得搅拌混合物 a；取旋转蒸发物按质量比（3～5）∶（8～10）加入搅拌混合物 a 中搅拌混合，冷却至室温，得冷却物 a；按质量比（1～3）∶（8～10）加入蒸馏水，调节 pH 值至 6.5～7，经乙酸乙酯萃取，取萃取液减压蒸馏，即得防腐活性剂。加入搅拌混合物 a 的搅拌混合条件为：升温至 120～130℃搅拌混合 3～5h。

所述渗透活性剂的制备方法如下：

按质量份计，取 1～3 份磷钨酸、2～5 份硼砂、70～80 份水，于 45～55℃搅拌混合 30～50min，得混合物，取混合物按质量比（10～15）∶（1～3）加入糠醇树脂，调节 pH 值至 4～5，搅拌混合 1～3h，即得渗透活性剂。

所述原位固定剂的制备方法如下：取钛酸四丁酯按质量比（1～3）∶（3～5）∶（8～10）加入冰醋酸、无水乙醇搅拌混合，得混合液 a；取 80%的乙醇按质量比（8～10）∶（3～5）加入硝酸搅拌混合，得混合液 b；取混合液 b 按质量比（2～4）∶（7～9）滴加至混合液 a 中，控制滴加时间 30～50min，冷冻干燥，粉碎过 200 目筛，收集过筛颗粒，取过筛颗粒按质量比（1～3）∶（80～100）加入去离子水，再加入去离子水质量 2%～5%的异丙基三油酸酰氧基钛酸酯和过筛颗粒质量 1%～4%的六偏磷酸钠，调节 pH 值至 7～7.5，于 4000r/min 的速度下剪切 3～5min，搅拌混合，得搅拌混合物 b；取搅拌混合物 b 按质量比（3～5）∶（1～3）加入硅酸钠混合，即得原位固定剂。所述混合液 a 的搅拌混合条件为：于 35～40℃搅拌混合 30～50min。

产品特性

（1）本品以氯化铝、间二氯苯为原料，加入正戊酰氯，再加入 1,2,4-三唑钠，经傅克酰基化、羰基环氧化反应以及开环反应，得到己唑醇类的防腐活性剂，其具有广谱、对人、畜低毒等特点，对担子菌、子囊菌、半知菌等有很好的防治效果；通过抑制麦角固醇的合成，可以干扰真菌附着孢及吸器的发育，影响菌丝的生长和孢子的形成，达到优异的防腐效果，同时其引入的叔丁基空间位阻较大，使得分子中的羟基与水较难形成氢键，经处理后的木材在防腐剂被淋洗中较难被洗出，使得防腐时间延长。

（2）本品加入糠醇树脂对木材进行改性处理，加入磷钨酸催化剂，形成低分子量糠醇改性液，即渗透活性剂，其能够进入木材细胞壁或覆盖在细胞壁表面，填充细胞壁的孔隙通道，甚至与细胞壁组分发生反应，从而使木材的吸湿能力降低。酸性催化剂很可能和细胞壁的羟基发生酯化反应，亲水基团减少，也会降低木材的吸湿性，从外部控制木材的防腐性能。同时，因为糠醇在木材细胞壁内树脂化，对其细胞壁有强化作用，另一方面改性木材较低的平衡含水率对力学性能具有补偿作用，对木材的力学强度有所提高，保持木材的抗弯强度。其对白蚁具有趋避作用，同时赋予木材抗白蚁性能。

（3）本品以钛酸四丁酯、冰醋酸等为原料通过溶胶凝胶法制备纳米二氧化钛的原位固定剂。木材作为多孔性材料，当采用原位固定剂溶胶浸渍木材时，木材会对其产生吸附作用，同时通过负载防腐的活性成分渗入木材内部，经过导管及导管间纹孔进入其内部，一方面提高载药量，另一方面原位固定剂与木材细胞壁中的纤维素、半纤维素的羧基、木质素中的酚羟基发生化学缔合，固着于木材内部，防止防腐剂流失，从而提高防腐效率；同时通过异丙基三油酸酰氧基钛酸酯和六偏磷酸钠对原位固定剂表面进行修饰，使得其负载的防腐活性剂在木材内部能更均匀地进行分散，防止局部霉变腐蚀。

配方 49　季铵盐木材防腐剂

原料配比

原料	配比（质量份）		
	1#	2#	3#
二甲基二癸基四氟化硼季铵盐	2	10	15
环丙唑醇	2	4	6
乙酸	3	5	10
木质素	5	10	15
硅树脂	2	4	6
去离子水	加至100	加至100	加至100

制备方法　将各组分原料混合均匀即可。

产品特性

（1）本品将硼的季铵盐化合物和硅树脂复配使用，硅树脂可以提高防腐剂的疏水性，从而提高处理后木材在恶劣风化环境中的抗腐和抗白蚁性能。

（2）该木材防腐剂具有长期高效、作用均匀的特点，在木材表面不留痕迹，对人、畜无毒，不会造成环境污染或破坏，对木材的力学强度、良好的纹理和色泽不产生影响。

配方 50 可提高木材耐腐性的木材防腐剂

原料配比

原料		配比(质量份)			
		1#	2#	3#	4#
水杨酸		1	1	1	1
乙醇		17(体积份)	33(体积份)	17(体积份)	8(体积份)
复合表面活性剂		3	3	5	2
水		80(体积份)	80(体积份)	80(体积份)	80(体积份)
氯化钠溶液 2.5mol/L		2(体积份)	2(体积份)	2(体积份)	2(体积份)
正硅酸乙酯		5	15	20	40
复合表面活性剂	斯盘-80	2	3	4	1
	吐温-80	3	4	5	1

制备方法 称取水杨酸溶于 8~35mL 乙醇中,向水杨酸的乙醇液中加入 2~5g 复合表面活性剂,升温至 40~60℃,加水,然后加入氯化钠溶液,搅拌得到乳状液;待乳化充分后,加入 5~40mL 正硅酸乙酯,40~60℃水浴搅拌,即得。

产品应用 本品是一种可提高木材耐腐性的木材防腐剂,用于处理木材,抑制木材腐朽菌生长。

所述木材防腐剂处理木材的方法:常温常压下,将待处理木材浸泡于所述木材防腐剂中,浸泡时间为 2~4d。

产品特性 采用本方法处理的木材,能够很好地在木材中固着水杨酸微胶囊,提高处理木材防腐剂的抗流失性,增强防腐剂的稳定性。

配方 51 木材防腐剂干粉

原料配比

原料		配比(质量份)		
		1#	2#	3#
主剂		100	100	100
功能剂		4	4	5
溶剂甲基酮		3	3	4
主剂	环氧树脂	2.2	2.8	2.2
	酚醛树脂	100	100	100
功能剂	蜂胶粉	100	100	200
	阻燃粉	3	5	8
	有机膨润土	2	3	5
	抗氧化剂:茶多酚	1	—	—
	抗氧化剂:还原型谷胱甘肽	—	2	—
	抗氧化剂:茶多酚和还原型谷胱甘肽等比例的混合物	—	—	1.5

制备方法

（1）制备主剂：以酚醛树脂胶黏剂为基料，调 pH 值至中性，升温至 55～65℃，加入适量环氧树脂，维持恒温反应 5～15min，然后冷却至常温。

（2）制备功能剂：将适量蜂胶粉、阻燃粉、有机膨润土和抗氧化剂充分混合均匀，加热至 65～75℃，形成稳定的熔融态黏稠流体，滤去颗粒杂质备用。

（3）制备防腐剂干粉成品：主剂、功能剂和溶剂以适宜的比例混合均匀，真空脱气后静置 8～12h。

（4）步骤（3）的物料真空脱出溶剂，经喷雾干燥获得成品木材防腐剂干粉。

产品特性　本品原料选择合理、配伍适当，具有优异的耐水性、胶合性能、干燥过程均一性好、平整性好、稳定性好，受外部条件影响小，不易变色。另外，还具有优异的抗菌防腐和阻燃性能。

配方 52　木材加工用防腐剂

原料配比

原料	配比(质量份)	原料	配比(质量份)
蛇床子素	20～30	乙酰氯	1～5
乙酰水杨酸	10～20	表面活性剂	10～20
间二氯苯	5～10	水	80～100

制备方法　将各组分原料混合均匀即可。

产品特性　本品附着性好、作用均匀，具有良好的杀菌杀虫效果和防腐效果，且对环境无毒无害。

配方 53　木材杀菌防腐剂

原料配比

原料	配比(质量份)					
	1#	2#	3#	4#	5#	6#
间二氯苯	14.8	15.8	16.8	17.8	18.8	19.8
三氯化铝	22.7	23.7	24.7	25.7	26.7	27.7
乙酰氯	9.42	9.42	9.42	9.42	9.42	9.42
环己烯胺酮化合物	2.18	2.28	2.38	2.48	2.58	2.68
盐酸(3mol/L)	20	20	20	20	20	20
纯化的 CCl_4	11.4	11.4	11.4	11.4	11.4	11.4
纯化的三乙胺	0.98	0.98	0.98	0.98	0.98	0.98
纯化的 CH_2Cl_2	2.12	2.12	2.12	2.12	2.12	2.12
合成的杀菌防腐剂 4-(1H-苯并咪唑-2-基)-6-(取代苯基嘧啶-2-基)-烷/苄基硫醚	1.66	1.66	1.66	1.66	1.66	1.66
蒸馏水	60	60	60	60	60	60

制备方法

（1）在配有温度计、恒压漏斗、回流冷凝管的四口烧瓶中，加入间二氯苯、三氯化铝，在30～35℃、150r/min下搅拌0.5h后，保持反应温度，再缓慢滴加乙酰氯。滴加完毕后，缓慢升高温度至50～55℃，继续搅拌反应，直到没有氯化氢气体产生，然后加入环己烯胺酮化合物，反应5h后静置。

（2）将上述装有反应混合物的烧瓶置入冰水浴中，使反应物温度降至5℃以下，滴加3mol/L的盐酸进行酸解，再加入纯化的CCl_4、纯化的三乙胺和纯化的CH_2Cl_2，控制滴加速度使混合物的温度变化不大。将酸解后的混合物倒入烧杯，控制pH值为3.6，滴加合成的杀菌防腐剂4-(1H-苯并咪唑-2-基)-6-(取代苯基嘧啶-2-基)-烷/苄基硫醚，然后加入蒸馏水，析出固体，减压抽滤，干燥，得到淡黄色粉状固体，用正己烷重结晶三次即得到该杀菌防腐剂。

产品特性

（1）本品性质稳定，对木材腐朽菌的抑制能力有很大的提升，木材长期放置后外观无明显变化，具有较大的推广应用价值。

（2）本品能够抑制细菌细胞膜中麦角固醇的合成，从而干扰真菌附着孢及吸器的发育，影响菌丝的生长和孢子的形成，具有更高的杀菌活性。

配方 54　春雷霉素木材防腐剂

原料配比

原料	配比（质量份）								
	1#	2#	3#	4#	5#	6#	7#	8#	9#
春雷霉素	30	20	10	5	1	1	1	1	1
漆黄素	1	1	1	1	1	5	10	20	30
共聚维酮	2	2	2	2	2	2	2	2	2
乙醇	3	3	3	3	3	3	3	3	3
水	加至100	加至100	加至100	加至100	加至100	加至100	加至100	加至100	加至100

制备方法　将各组分原料混合均匀即可。

产品特性　将春雷霉素与漆黄素配伍在特定的比例下，具有很好的防霉效果，特别是春雷霉素与漆黄素的质量份之比为（10～20）：1时，其协同防霉效果非常明显，而且毒性小、健康环保。

配方 55　木材用光固化防腐剂

原料配比

原料	配比（质量份）			原料	配比（质量份）		
	1#	2#	3#		1#	2#	3#
环氧丙烯酸树脂	48	48	50	阻燃剂	7	7	8
丙烯酸树脂	12	14	14	纳米碳酸钙	2	3	3
二甲基硅油	4	6	3	复合填料	25	28	28
苯丙乳液	25	28	22	十二烷基苯磺酸钠乳液	26	25	22
三甲基六亚甲基二胺	8	8	8	脲醛树脂	6	8	6
木质纤维	4	4	5	水	90	80	95

制备方法 将各组分原料混合均匀即可。

产品特性 本品具有良好的防腐性能，可以提高强度、抗老化性和改善材料表面的光洁度以及抗腐蚀性；制造方便、成本低、产品实用性强、使用简单。

配方 56 木材用含硼防腐剂

原料配比

原料		配比（质量份）		
		1#	2#	3#
硼原料		15	12	18
聚 N-异丙基丙烯酰胺/聚甲基丙烯酸/氧化石墨烯复合水凝胶		5	6	4
十二烷基葡糖苷		8	6	10
乙酸钠		2	3	1
硫酸锌		0.5	0.2	0.8
乙醇		27	32	22
水		120	100	140
木槿提取物		5	4	6
甲基丙烯酸三氟乙酯		1.2	1.6	0.8
硼原料	含有碳硼键的有机硼聚合物：三甲基硼	1	—	—
	含有碳硼键的有机硼聚合物：二苯基氯硼烷	—	1	—
	含有碳硼键的有机硼聚合物：二茂铁基二溴硼烷	—	—	1
	无机硼	6	7	5
聚N-异丙基丙烯酰胺/聚甲基丙烯酸/氧化石墨烯复合水凝胶	聚 N-异丙基丙烯酰胺	1	1	1
	聚甲基丙烯酸	1	1	1
	氧化石墨烯复合水凝胶	0.5	0.5	0.5

制备方法 将各组分原料混合均匀即可。

原料介绍 所述木槿提取物的制备方法为：将采集的新鲜木槿花洗净，加入等质量的水，充分捣碎后过滤得到初次滤液；然后将所得滤渣加入其质量 6 倍的有机溶剂中，在反应釜中加热到 115～125℃，并保持 30～40min，完成后再次过滤得到二次滤液，调节 pH 值至 6.8～7.2，常温静置 20～30min 后，经蝶式离心、超滤、反渗透浓缩至 20～25Brix，再与初次滤液混合得到木槿提取物。

所述有机溶剂为无水乙醇、苯甲醇、聚乙二醇中的任意一种。

产品应用 使用方法：将气干的木材在压力釜中浸渍处理。

浸渍条件：在真空度为 0.2～0.3MPa 的条件下保持 30～40min，在 0.8～0.9MPa 的条件下保持 20～30min。

产品特性 本品性能稳定，不含砷、铬等有毒物质，不散发刺激性气味，不易挥发，在木材表层内部形成固态网络结构，能够达到长效防腐的目的，可改善无机硼类防腐剂抗流失性差的问题，且不会影响木材本身的色泽和加工性能，适于推广使用。

配方 57　木材用环保防腐剂

原料配比

原料	配比（质量份）				原料	配比（质量份）			
	1#	2#	3#	4#		1#	2#	3#	4#
苦参	15	10	20	13	决明子	7	4	10	10
百部	12	16	8	9	花椒	13	18	8	8
何首乌	15	10	20	18	皂角	6	4	8	8
黄连	15	20	10	17	水	85	80	90	83
生姜	9	12	6	8					

制备方法　将苦参、百部、何首乌、黄连、生姜、决明子、花椒、皂角加入水中浸泡 40～50min，然后煮沸 20～40min 即可。

产品特性　本品具有绿色环保、杀菌效果好、对人体无害等优点。

配方 58　木建筑防腐剂

原料配比

原料		配比（质量份）		
		1#	2#	3#
壳聚糖		80	90	85
杀菌性金属盐	二价铜盐	65	—	—
	锌盐	—	75	—
	硝酸银	—	—	70
草药组分		45	55	50
竹炭粉		30	40	35
硅藻土		25	35	30
含磷化合物	磷酸	10	—	—
	亚磷酸	—	30	—
	次磷酸	—	—	20
含硼化合物	硼酸	10	—	—
	硼砂	—	25	—
	四硼酸钠	—	—	18
纳米远红外陶瓷粉		5	20	12
纳米粒子	纳米二氧化硅	5	—	—
	纳米氧化锌	—	15	10
助剂		5	15	10
水		90	100	95
草药组分	曼陀罗	15	25	20
	半夏	5	15	10
	艾叶	5	10	7
	除虫菊	2	8	5
	薄荷	1	4	3

原料			配比（质量份）		
			1#	2#	3#
助剂	杀虫剂	高效氯氰菊酯	2	—	—
		吡虫啉	—	8	—
		噻虫啉	—	—	5
	表面活性剂	烷基芳基聚氧乙烯基醚	2	—	—
		脂肪醇聚氧乙烯基醚	—	8	—
		木质素磺酸盐	—	—	5
	功能性防水助剂	浓度为30%的乳化石蜡液	1	—	—
		浓度为45%的乳化石蜡液	—	5	—
		浓度为38%的乳化石蜡液	—	—	3
	增稠剂	羟乙基纤维素	1	—	—
		羟丙基甲基纤维素	—	4	—
		羧甲基纤维素钠	—	—	2.5
	消泡剂	聚醚消泡剂	1	—	—
		硅油消泡剂	—	3	—
		矿物油	—	—	2
	流平剂	聚氨酯流平剂	0.2	—	—
		有机硅类流平剂	—	1.2	1
	防冻剂	丙二醇	0.2	—	0.4
		乙二醇	—	0.6	—

制备方法

(1) 制备改性硅藻土：将硅藻土取出，放入煅烧炉，在 400～500℃下焙烧 1～2h 后，将其冷却至室温，加入 2～3 倍质量份的清水，混合均匀后向混合液中加入酸溶液，在 80～85℃下搅拌反应 1～2h 后，用水洗涤至中性，过滤，烘干得改性硅藻土，备用。

(2) 制备草药液：按照配比称取曼陀罗、半夏、艾叶、除虫菊和薄荷，洗净并干燥，充分研磨得到混合粉末，将混合粉末放入 10～15 倍质量份的水中，然后放置于 2500～3500MHz、40～50℃条件下微波处理 40～50min，过滤保留滤液，得到草药液，备用。

(3) 制备成品：将步骤 (1) 得到的改性硅藻土和步骤 (2) 得到的草药液加入反应容器中，并按照配比加入剩余原料，充分混合后在 600～700r/min 条件下搅拌 30～60min，并保持温度为 50～60℃，自然冷却后得到的成品即为所述木建筑防腐剂。

产品特性

(1) 本品可以有效保护木材，防霉、防腐性能较强，使用安全环保，原材料成本较低，制备方法简单。

(2) 本品中含有含量较高的磷、硼等元素，为复合而成的高效无卤阻燃体系，具有一定的防火性能。

（3）本品中添加的竹炭粉是指竹炭的粉末状物质，具有极好的吸附能力，能够迅速有效地吸收空气中的有害气体，起到净化空气的作用。

（4）本品采用的草药组分绿色环保，使用安全，各个组分相互协调，具有抗菌、防虫、防霉和防腐作用，且对木腐菌也具有抑制作用，延长了木材的使用寿命。

（5）本品采用的原材料均是环保型材料，没有添加有机溶剂，不会对人的身体和环境造成危害。

（6）本品添加的纳米粒子具有促进抗菌、抗霉的作用；本品添加的助剂相互协调，提高了防腐剂的抗老化、抗霉、抗腐以及抗裂性能。

配方 59　木制品防腐剂

原料配比

原料	配比（质量份）			原料	配比（质量份）		
	1#	2#	3#		1#	2#	3#
硫酸锌	20	40	40	硼酸盐	6	7	7
碳酸氢铜	30	35	30	百菌清	2	3	2
丙环唑醇	6	7	6	木质素	15	18	18
乙酸	8	8	6	水	90	110	120
硅藻土	12	15	17				

制备方法　将各组分原料混合均匀即可。

产品特性　本品不会对环境造成污染、使用安全、渗透性好，并且具有明显的防腐和防虫杀菌效果，作用持久，在木材表面不留痕迹，不影响木制品的质量。

配方 60　木质家具用防腐剂

原料配比

原料	配比（质量份）		
	1#	2#	3#
苯甲酸钠	2	6	4
乙二胺四乙酸二钠	1	4	2
二碳酸二甲酯	4	9	6
百菌清	12	19	5
对羧基苯甲酸甲酯	0.8	1.4	1.1
乙氧基单硬脂酸甘油酯	1.2	1.7	1.5
茶多酚	0.1	0.5	0.3
聚酰亚胺	2	7	5
硅藻土	18	25	22
水	加至100	加至100	加至100

制备方法　将各组分原料混合均匀即可。

产品特性

（1）本品具有高效、安全无污染、无副作用以及稳定性好等特点。

（2）百菌清是广谱、保护性杀菌剂，能与真菌细胞中三磷酸甘油醛脱氢酶中含有半胱氨酸的蛋白质相结合，从而破坏该酶活性，使真菌细胞的新陈代谢受破坏而失去生命力。

配方 61 纳米二氧化钛木材防腐剂

原料配比

	原料		配比（质量份）
戊唑醇			0.03
多菌灵			0.02
吡虫啉			0.012
丙二醇苯基醚			1
丙烯酸水分散液			5
丙烯酸水分散液	去离子水		适量
	丙烯酸乳液		1
	改性纳米二氧化钛		0.08
	润湿流平剂 MONENG-1154		0.01
	有机硅消泡剂		0.02
丙烯酸乳液	丙二醇甲醚乙酸酯		1
	乳化液		12
	混合单体		8
	过硫酸钠溶液（0.01mol/L）		1.5
改性纳米二氧化钛	纳米二氧化钛		1
	DMF		70
	钛酸酯 ND2-105		0.08
	异佛尔酮二异氰酸酯		0.06
乳化液	混合单体	丙烯酸	1
		甲基丙烯酸甲酯	4
		甲基丙烯酰胺	0.2
	OP-10		1
	十二烷基磺酸钠		1.2
	NaHCO$_3$		适量
	去离子水		30

制备方法

（1）将纳米二氧化钛和 DMF 加入反应容器中，加入钛酸酯 ND2-105，调节 pH 值至 7.5～8，磁力搅拌 30～40min，加入异佛尔酮二异氰酸酯，转移至 80～85℃水浴锅中，恒温磁力搅拌反应 6～8h，降低温度至室温，过滤，采用二氯甲烷洗涤 2～3 次，置于 35～40℃真空干燥箱中干燥，得到改性纳米二氧化钛。

（2）将丙烯酸、甲基丙烯酸甲酯、甲基丙烯酰胺混合搅拌均匀，得到混合单体；将 OP-10、十二烷基磺酸钠和去离子水混合搅拌均匀，再加入 2～2.2 倍质量份的 $NaHCO_3$，继续混合搅拌均匀，得到乳化液；混合单体和乳化液现配现用。

（3）在装有冷凝管和搅拌器的反应釜中加入丙二醇甲醚乙酸酯、1/2 乳化液和 1/5 混合单体，搅拌均匀后，加入 1/2 过硫酸钠溶液，升温至 75～85℃，恒温磁力搅拌 50～60min，得到预聚乳液；滴加剩余的混合单体和乳化液，控制在 1.5～2h 滴完，期间分 5～6 次加入剩余的过硫酸钠溶液，于 75～85℃保温磁力搅拌 4～6h，降低温度至 30℃，用氨水调节体系 pH 值为 7～8，用 80～100 目的筛子过滤，得到丙烯酸乳液。

（4）将丙烯酸乳液与去离子水混合，机械搅拌均匀后，加入改性纳米二氧化钛、润湿流平剂 MONENG-1154 和有机硅消泡剂，充分搅拌均匀，得到丙烯酸水分散液；将戊唑醇、多菌灵和吡虫啉加入丙二醇苯基醚中，充分搅拌至均匀，然后加入丙烯酸水分散液中，继续磁力搅拌 50～60min，得到纳米二氧化钛木材防腐剂。

原料介绍　所述的过硫酸钠溶液的浓度为 0.01～0.012mol/L。

所述的氨水为 10%的氨水。

产品特性　本品具有广谱杀菌和杀虫作用，防腐效果好，毒性较小，对环境和人体无危害。本品中钛酸酯 ND2-105 和异佛尔酮二异氰酸酯对纳米二氧化钛进行修饰改性，钛酸酯 ND2-105 能润湿纳米颗粒表面，降低其表面能，保持纳米二氧化钛锐钛矿晶体结构特征，较好地保持其光催化性能；而异佛尔酮二异氰酸酯能与丙烯酸反应，进一步增加纳米二氧化钛在丙烯酸乳液中的分散程度。本品中还添加了戊唑醇、多菌灵、吡虫啉，可以抑制麦角固醇合成，干扰真菌附着孢及吸器的发育，影响菌丝的生长和孢子的形成，增强其对白蚁等的抵御力。

配方 62　软木源木材防腐剂

原料配比

原料		配比（质量份）			
		1#	2#	3#	4#
栓皮树软木原料	10～20 目	5	—	—	—
	20～30 目	—	5	—	—
	30～40 目	—	—	5	5
溶剂	99.7%的乙醇	450（体积份）	300（体积份）	—	—
	60%的乙醇	—	—	150（体积份）	—
	80%的乙醇	—	—	—	500（体积份）
碱	NaOH	0.5	—	—	0.75
	KOH	—	0.6	0.6	—
	蒸馏水	适量	适量	适量	适量

制备方法

(1) 将软木原料粉碎成 10～40 目，在 103℃下干燥至含水率为 6%～8%。

(2) 将 60%～99.7% 的乙醇溶液作为溶剂，并在乙醇溶液中加入碱，如 NaOH、KOH，碱占软木原料的质量分数为 4%～15%，软木原料与乙醇溶液的料液比为 1∶(30～150)（g∶mL），对软木原料进行提取。

(3) 采用常压过滤或减压抽滤对提取液进行过滤，滤除软木固体残渣。

(4) 对滤液进行减压蒸馏浓缩，回收乙醇，对浓缩液进行真空干燥或真空冷冻干燥，得到固体提取物。

(5) 以蒸馏水为溶剂，将固体提取物进行超声振荡分散，配成悬浮液，再使用稀盐酸中和 pH 值至中性，得到木材防腐剂。

原料介绍　所述的栓皮树软木原料包括软木皮及其加工剩余物，如软木块、软木粒子等。

所述的软木原料提取方法包括水浴加热提取法和超声波提取法。

所述的水浴加热提取法是将乙醇、碱、软木原料按比例放入容器中，再放入 50～80℃ 恒温水浴中搅拌加热 30min～120min 提取。

所述的超声波提取法是将乙醇、碱、软木原料按比例放入容器中，再放入超声波振荡器中提取，超声波频率为 25kHz，超声功率为 200～600W，处理温度为 30～80℃，处理时间为 15min～90min。

产品特性

(1) 本品可充分利用现有的软木加工剩余物，开发绿色环保的植物源木材防腐剂，具有提取时间短、提取效率高、无毒环保、溶剂可循环使用的优点。

(2) 本品以软木为主要原料，为软木的综合开发利用提供新的途径。

(3) 与化学防腐剂相比，软木源防腐剂不含有重金属离子，使用安全，不会对环境造成污染。

配方 63　无毒环保的木饰面板防腐剂

原料配比

原料	配比（质量份）			原料	配比（质量份）		
	1#	2#	3#		1#	2#	3#
硼酸三甲酯	30	50	40	中药抑菌剂	8	12	10
迷迭香粉	4	8	6	吡虫啉	12	20	16
丁香粉	2	6	4	氨基甲酸丁酯	6	10	8
脂肪醇聚氧乙烯醚	3	7	5	去离子水	120	180	150
月桂基二乙醇胺	5	9	7				

制备方法

(1) 分别将丁香、迷迭香洗净晾干，以 200～240r/min 的速度球磨 2～3h，得到丁香粉和迷迭香粉。

（2）将去离子水加入搅拌器中作为底水，加入脂肪醇聚氧乙烯醚和月桂基二乙醇胺，加热至 40～46℃，搅拌分散，搅拌速度为 2200～2600r/min，搅拌时长为 30～40min。

（3）向搅拌器内依次加入硼酸三甲酯、氨基甲酸丁酯、吡虫啉和中药抑菌剂，加热至 48～52℃，以 2500～3000r/min 的速度搅拌 25～35min，然后超声分散 15～20min。

（4）将步骤（3）中的混合溶液倒至玻璃容器，于 55～60℃对玻璃容器进行水浴加热，加热过程中缓慢加入步骤（1）中得到的丁香粉以及迷迭香粉，以 2000～2400r/min 的速度搅拌 35～45min。

（5）将步骤（4）中的混合溶液冷却至室温，超声分散 5～10min，静置 2～3h，得防腐剂成品。

原料介绍 所述中药抑菌剂包括微纳米黄连粉末、硅藻土和肉桂油。

所述微纳米黄连粉末、硅藻土和肉桂油的质量份比为 2：5：8。

产品应用 本品是一种无毒环保的木饰面板防腐剂。

产品特性 本品配方合理，原料均为无毒环保型材料，环境友好度高，而且制备工艺简单，无需考虑原料混合后副产物对环境的影响；添加适量的迷迭香粉和丁香粉可以使添加防腐剂的木饰面板增加一股清香；中药抑菌剂、吡虫啉的添加使防腐剂具有良好的抑菌、驱虫效果；本品选择脂肪醇聚氧乙烯醚作为乳化剂，不仅水溶性好，而且在制备过程中发泡程度低，稳定性高。

配方 64 无毒环保型木材防腐剂

原料配比

原料	配比（质量份）		原料	配比（质量份）	
	1#	2#		1#	2#
十二烷基磺酸钠	15	18	聚乙二醇	5	7
硼酸二甲酯	7	6	丙三醇	6	8
聚乙烯酸酯	6	4	对羟基苯甲酸钠	2	2
氨基甲酸丁酯	7	5	山梨酸钾	2	2
吐温-20	4	3	硅藻泥	8	8
OP-10（烷基酚聚氧乙烯醚）	4	3	去离子水	150	150
月桂基二乙醇胺	4	3			

制备方法

（1）在缓慢搅拌下依次向总量一半的水中加入十二烷基磺酸钠、硼酸二甲酯，以 300～350r/min 的速度搅拌 10～15min 后，依次加入聚乙烯酸酯、氨基甲酸丁酯，并在每加入一样原料后均以 500～700r/min 的速度搅拌 3～5min，完成后静置。

（2）在缓慢搅拌下依次向总量一半的水中加入吐温-20、OP-10、月桂基二乙醇胺、聚乙二醇，加热至 50～60℃并继续搅拌 10min。

（3）将丙三醇、对羟基苯甲酸钠、山梨酸钾、硅藻泥混合均匀。

（4）将步骤（2）所得产物冷却至 30℃以下，以 1000～1200r/min 的速度搅拌并缓慢加入步骤（3）所得产物以及步骤（1）所得产物，继续搅拌 20～30min，即得到所需的木材防腐剂。

产品特性

（1）该木材防腐剂制备过程绿色环保无污染，成品对人体和环境无危害，抗腐蚀能力强，可有效抑制建筑、家具、船舶等多种环境下多种木质的表面腐蚀。

（2）自身稳定性好，在非极端恶劣环境下不会发生分解或脱落现象。

（3）抗菌谱广，常见的对木质材料有腐蚀能力的菌类均有极强的杀灭、抑制作用。

配方 65　无毒无刺激教玩具用木材防腐剂

原料配比

原料	配比（质量份）		原料	配比（质量份）	
	1#	2#		1#	2#
季戊四醇	9	15	助溶剂	0.8	1.6
硫酸锌	8	10	阻燃剂	3	5
甲氨基苯丙酮	6	10	偶联剂	1	3
抑菌剂	3	6	去离子水	20	25
氧化锌	6	8	阻燃剂 氢氧化镁	1	5
壳聚糖	2	6	氢氧化铝	5	8
海藻酸钠	5	10	超细硼酸锌	2	5
乙烯醇	6	8	成碳促进剂	5	9
八硼酸二钠	6	8	双氰胺	20	35
戊唑醇	1	3	水	35	45
硫酸氢铵	1	2			

制备方法　将各组分原料混合均匀即可。

原料介绍　所述成碳促进剂为二氧化硅和二氧化钛的组合物，两者质量比为 (1.5～2.8)∶(1.6～3.2)。

所述助溶剂为醇醚类溶剂。

所述偶联剂为 γ-氨丙基三乙氧基硅烷、γ-缩水甘油醚氧丙基二甲氧基硅烷、γ-甲基丙烯酰氧基三甲氧基硅烷、N-β-氨乙基-γ-氨丙基三甲氧基硅烷、N-β-氨乙基-γ-氨丙基甲基二甲氧基硅烷中的一种。

产品特性　本防腐剂具有保质期长、防腐效果好、无色无味、防霉防虫等优点，制备工艺简单，无毒、环保，稳定性好，抗流失性强。

配方 66　新型木质家具防霉防腐剂

原料配比

原料	配比(质量份) 1#	2#	3#	原料	配比(质量份) 1#	2#	3#
碳酸丙烯酯	30	45	40	百菌清	12	19	15
苯甲酸钠	2	6	5	溴硝醇	5	10	8
丙二醇	3	5	4	对羟基苯甲酸甲酯	1	1.5	1.2
乙二胺四乙酸二钠	1	4	3	二硫氰基甲烷	30	50	40
对氯间二甲酚	15	25	20	聚酰亚胺	2	7	5
二碳酸二甲酯	4	9	6	硅藻土	18	25	22
氯化铵	2	5	3	水	50	90	70
氯化钠	1	3	2				

制备方法　将各组分原料混合均匀即可。

产品特性　本品具有良好的防霉、防腐、防虫性能；对木材具有良好的渗透性，可用来处理大规格、难处理的木材和木制品；抗流失性强，具有长效性；低毒，不含砷、铬、酚等对人、畜有害的物质。

配方 67　血粉蛋白木材防腐剂

原料配比

原料	配比(质量份)			
	1#	2#	3#	4#
硫酸铜	6	4	6	8
硼砂	8	5	8	10
血粉蛋白酸解液	20	15	25	10

制备方法

(1) 按配比取硫酸铜和硼砂，在 25~30℃ 下，混合后一起溶解于水中，充分溶解后得蓝色悬浊液。

(2) 搅拌并加入血粉蛋白酸解液，形成灰褐色浑浊液，向形成的灰褐色浑浊液中缓慢滴入盐酸或乙酸，调节其 pH 值为 5~6，再加入氨水直至溶液澄清形成深蓝色澄清溶液，即获得所述血粉蛋白木材防腐剂。

原料介绍　所述血粉蛋白酸解液是豆渣通过热解处理后浓缩获得的，所述血粉蛋白酸解液中蛋白质的质量分数为 (60±5)%。

所述血粉蛋白酸解液的制备步骤如下：

(1) 预处理：取血粉用硫酸溶液预处理，预处理时间为 1~4h。

(2) 酸解：将预处理后的血粉倒入高压反应釜中进行酸解 4~8h，形成所述血粉蛋白酸解液。

所述的酸解过程中血粉与硫酸溶液的质量份比为 1∶（4～10），混合物中硫酸质量是血粉质量的 4%～8%，热解过程的温度为 100～150℃。

产品应用 本品是一种血粉蛋白木材防腐剂，用于木材防腐的方法。

（1）浸渍：将木材试件在 10～30℃ 下浸泡在防腐剂中，密封后浸渍 24h。

（2）干燥：将被防腐剂充分渗透的木质试件在大气条件下自然干燥 1～2d。将经过自然干燥的木材防腐试件在 50～60℃ 下干燥至含水率为 10%～12%。

产品特性 本品中的硫酸铜、硼砂与血粉蛋白发生螯合反应形成氨基酸盐，能在木材内部形成一种不溶于水的聚合体网络，延长防腐木材的使用寿命。

配方 68 杨木家具加工处理用防腐剂

原料配比

原料	配比（质量份）			原料	配比（质量份）		
	1#	2#	3#		1#	2#	3#
聚丙烯酸钠	15	15.5	16	碳酸钠	4	5	6
聚乙烯醇	10	11	12	羧甲基纤维素钠	1	1.5	2
马鞭草提取液	45	48	50	水	800	850	900
乙醇	20	22	25				

制备方法 将各组分原料混合均匀即可。

原料介绍 所述马鞭草提取液制备方法如下：

（1）将晒干后的马鞭草全株粉碎至粒径为 1～3mm，加入 4～5 倍体积的乙醚作为溶剂，水浴加热至 46～48℃，保温提取 5～6h，得到提取液，回收乙醚溶剂。

（2）将步骤（1）得到的提取液与氢氧化钠溶液混合，提取液与氢氧化钠溶液的质量比为（4～5）∶（1.8～2.0），搅拌混合均匀后，加入 1.5～2.0 倍体积的丙酮，继续水浴升温至 66～68℃，回流提取 8～10h，得到提取液，与乙酸溶液按照质量比（1.2～1.3）∶（2.5～2.8）混合均匀，5～10℃ 低温保存即可。

产品应用 使用方法为：将防腐剂用清水稀释 3～4 倍，将杨木木材置于高压锅中，倒入稀释后的防腐剂，完全浸没木材即可，加热至 70～80℃，压力升高至 0.40～0.45MPa，保温保压浸泡处理 2～3h，取出木材，使用清水冲洗干净，在 50～60℃ 下烘干即可。

产品特性 本品不含有毒成分和重金属元素，不仅能够杀死杨木表面的霉菌，还能有效渗入木材内部，防止木纤维素诱发霉变虫蛀。使用该防腐剂处理杨木，费用少、效果好，经本品方法处理所得到的杨木，可以降低杨木腐蚀带来的性能不足和成本损失，大大提高杨木的防腐性和稳定性，提高树木的使用寿命，延长杨木家具的使用年限，对节约木材、保护森林资源和环境具有重要意义。

配方 69 用于木料的防腐剂

原料配比

原料	配比(质量份)			原料	配比(质量份)		
	1#	2#	3#		1#	2#	3#
氯胺酮	35	45	42	四氯间苯二甲腈	48	43	48
氨溶烷基胺铜	22	25	25	碳化硼	2	3	3
二甲基二硫代氨基甲酸锌	19	24	19	硼化铁	6	5	4
氨基甲酸铵	55	60	57				

制备方法 将各组分原料混合均匀即可。

产品特性 本品在木料防腐领域中具有高效、持久和安全等性能。

配方 70 有机溶剂型木材防腐剂

原料配比

原料	配比(质量份)				
	1#	2#	3#	4#	5#
戊唑醇	1	2	3	4	5
环丙唑醇	6	8	9	13	15
百菌清	3	5	4	6	7
6-羟基唑啉铜	2.5	3.5	5.5	8.5	10
3-碘-2-丙炔基-丁氨基甲酸酯	7	9	10	11	13
三丁基氧化锡和三丁基环烷酸锡	2.5	3	4	5	5.5

制备方法 将各组分原料混合均匀即可。

产品特性 本品对木材有良好的渗透性,药力持久,不会因水湿而外渗,不会因暴晒而氧化变质,防腐性能好,对木材的物理、力学性质无明显影响。

配方 71 竹木材天然防霉防腐剂

原料配比

原料	配比(质量份)						
	1#	2#	3#	4#	5#	6#	7#
银杏外种皮提取物	0.5	3	5	4	1	2	10
壳聚糖	5	3	0.5	1	2	3	4
水	95	100	105	95	105	100	105

制备方法 先将银杏外种皮提取物加入水中,完全溶解后缓慢加入壳聚糖,混合均匀制得竹木材天然防霉防腐剂。

原料介绍 所述银杏外种皮提取物生产按如下步骤进行:

(1) 干燥与粉碎:新鲜银杏果实去银杏果得到外种皮,在65℃真空干燥烘箱内烘至含水率5%以内，干燥样粉碎至大部分颗粒过50目筛。

(2) 浸提：以30%～70%乙醇溶液为浸提液，按料液比1∶(5～20)进行浸提，浸提时间2～5h；浸提过程中，超声处理2～4次，每次15～30min。

(3) 提纯：浸提液进行过滤处理得到滤液，向滤液中加弱酸溶液，如0.1mol/L乙酸溶液，调节pH值至2.8～4.2，采用乙酸乙酯萃取2～4次，分离得乙酸乙酯相。

(4) 浓缩：乙酸乙酯相经65～75℃旋蒸后得银杏外种皮提取物。

所述的壳聚糖为常规存放状况下具有自然含水量的粉料。

所述的银杏外种皮提取物的含水率保持在5%以内。

产品应用　本品主要用于竹木材和竹木材制品的防霉、防腐。

产品特性　本防霉防腐剂以银杏外果皮提取物为主功效剂、壳聚糖为辅助剂，绿色环保、安全无害、抗流失性强、长期防霉效果好。

配方 72　阻燃木材用防腐剂

原料配比

原料	配比(质量份)		原料	配比(质量份)	
	1#	2#		1#	2#
硼酸	13	12	磷酸氢二铵	9	10
八硼酸二钠	3	4	硫酸铵	48	42
双氰胺	11	12	氧化铜	4	2
氟化钠	8	6	羧甲基纤维素	1	3

制备方法

(1) 将氧化铜、双氰铵、磷酸氢二铵和硫酸铵混合均匀，在50～80℃条件下搅拌2h以上。

(2) 冷却到40℃以下后，加入硼酸、八硼酸二钠、氟化钠和羧甲基纤维素，混合均匀，自然冷却至室温即可。

产品应用　采用该防腐剂处理木材的方法如下：

(1) 将木材放入密封的处理罐中；

(2) 先对处理罐进行抽真空操作，相对真空度为(-0.1±0.05)MPa，然后将防腐剂导入处理罐中，并加压至(5±0.05)MPa，加压时间为2～3h，最后卸掉压力并排空防腐剂；

(3) 重复步骤(2)2次以上，得浸渍处理材；

(4) 将浸渍处理材先在50℃下预干燥，再采用10℃/2～3天的温度递增方式进行干燥，干燥至木材含水率为8%～12%即可。

产品特性

(1) 本品应用到木材中能更好地达到抑菌、防虫的目的，进而有效延长使用寿命，效果更加显著。

（2）本品没有采用含有砷、铬等的物质，不具有毒性，环保效果极佳。

配方 73　多功能环保型木材防腐剂

原料配比

原料	配比（质量份）		原料	配比（质量份）	
	1#	2#		1#	2#
聚乙二醇	15	8	异辛醇磷酸酯	3	1
硼酸三甲酯	15	10	聚丙烯酸钠	1	0.5
四羟甲基硫酸	10	6	脂肪醇聚氧乙烯醚	2	0.5
多菌灵	10	6	氧化铝溶胶	6	6
纳米二氧化钛	8	2	水	30	60

制备方法

（1）按质量配比称取各组分。

（2）将聚乙二醇、纳米二氧化钛、脂肪醇聚氧乙烯醚和氧化铝溶胶加入搅拌器中，混合均匀，然后加入水，并升温至 60～85℃，以 1500～1800r/min 的速度搅拌 20～50min，再加入其他剩余组分，在 35～50℃下，以 60～120r/min 的速度搅拌 10～30min，然后冷却至室温，即得多功能环保型木材防腐剂。

产品特性　本品处理后的木材具有良好的防腐、防霉、防虫、杀菌等多功能协同效果，广谱、高效、持久，化学性能稳定，渗透性好，抗流失性强，无毒、环保，同时还能明显提升木材的力学强度和耐磨性能等。

配方 74　多功能木材防腐剂

原料配比

原料	配比（质量份）		原料	配比（质量份）	
	1#	2#		1#	2#
硼酸锌	12	8	十四烷基二甲基苄基氯化铵	5	3
纳米二氧化钛	10	5	十六烷基三甲基溴化铵	5	3
百菌清	10	5	脲醛预缩液	3	1
四水八硼酸二钠	10	5	脂肪胺聚氧乙烯醚	2	1
双辛基二甲基氯化铵	5	3	水	38	66

制备方法　按质量配比称取各组分加入搅拌器中，混合 3～5min，制成均匀、稳定的混合液，即得多功能木材防腐剂。

产品特性　本品具有广谱杀菌和杀虫作用，对多种腐朽菌和害虫有较强的杀灭和抑制能力，处理后的木材具有优良的防腐、防霉、防虫和长效、不变色等优点。

配方 75 多功能木材阻燃防腐剂

原料配比

原料	配比(质量份)			原料	配比(质量份)		
	1#	2#	3#		1#	2#	3#
水	900	900	900	硫酸铵	46	50	42
硼砂	8	7	9	PS防霉剂	3	—	—
硼酸	13	14	12	苯酚防霉剂	—	4	—
双氰胺	11	12	10	五氯酚防霉剂	—	—	2
氟化钠	10	8	6	羧甲基纤维素	2	3	1
磷酸氢二铵	—	11	9				

制备方法 按照所述配比往水中依次加入硼砂、硼酸、双氰胺、氟化钠、磷酸氢二铵、硫酸铵、防霉剂、羧甲基纤维素,搅拌均匀。

原料介绍 PS防霉剂为上海华杰精细化工有限公司生产。

产品应用 本品主要用于室内木结构、室内木质装饰、木地板、大芯板、木质防火门窗等的阻燃、防腐、防白蚁、防霉和吸潮。

使用方法:采用真空加压方法浸渍处理,使木材吸药量达到30~40kg/m³。

产品特性

(1) 本品采用特定的组分及含量配比组成阻燃防腐剂配方,能够使各组分发挥协同增效作用,同时具有多功能、优异的阻燃、防腐、防白蚁、防霉和抗湿胀性。

(2) 本品在达到阻燃用药量时,处理后的木材防腐质量损失率1.67%以下,耐腐等级1(国家标准);本品处理后的木材防霉被害值0.11,防治效力97.3%以上;本品处理的木材防白蚁死亡率100%,蛀蚀等级0(国家标准)。

(3) 本品处理木材、大芯板时,根据木材厚度不同,吸药量范围为30~40kg/m³,达到国标B级木材材料防火等级以及乙级木质防火门性能。

配方 76 复合型木材防腐剂

原料配比

原料	配比(质量份)		原料	配比(质量份)	
	1#	2#		1#	2#
N-羟乙基乙胺三乙酸	15	10	百菌清	10	5
八硼酸钠	10	5	异丙醇	15	10
硼酸锌	15	10	聚氧乙烯酰胺	2	3
纳米二氧化钛	8	2	水	25	55

制备方法

(1) 按质量配比称取各组分。

(2) 将 N-羟乙基乙胺三乙酸、八硼酸钠、硼酸锌、聚氧乙烯酰胺和水加入搅拌器中，于 $40 \sim 70℃$ 下搅拌 $20 \sim 40min$，然后加入纳米二氧化钛，搅拌 $20 \sim 30min$，再加入百菌清和异丙醇，继续搅拌 $15 \sim 20min$，待混合均匀后，冷却至室温，即得复合型木材防腐剂。

原料介绍 所述纳米二氧化钛的粒径在 $1 \sim 100nm$ 范围内。

产品特性 本品具有良好的渗透性、抗流失性，防腐、防虫、防霉效果好，处理后的木材还具有较好的耐磨、长效、不变色等功能。

配方 77　复合型木材阻燃防腐剂

原料配比

原料	配比（质量份）		原料	配比（质量份）	
	1#	2#		1#	2#
N-羟乙基乙胺三乙酸	15	10	纳米二氧化硅	15	5
八硼酸钠	10	5	纳米二氧化钛	5	2
硼酸锌	10	5	二甲基二硫代氨基甲酸铜	8	4
磷酸胍基脲	10	5	十二烷基硫酸钠	3	1
钼酸铵	4	3	水	20	60

制备方法

(1) 按质量配比称取各组分。

(2) 将 N-羟乙基乙胺三乙酸、八硼酸钠、硼酸锌、磷酸胍基脲、钼酸铵和十二烷基硫酸钠加入搅拌器中，混合均匀，然后加入水，搅拌 $20 \sim 40min$，待形成稳定、均匀的水溶液后，加入纳米二氧化硅和纳米二氧化钛，搅拌 $20 \sim 30min$，再加入二甲基二硫代氨基甲酸铜，继续搅拌 $5 \sim 20min$，即得复合型木材阻燃防腐剂。

原料介绍 所述纳米二氧化硅的粒径在 $20 \sim 80nm$ 范围内。

所述纳米二氧化钛的粒径在 $1 \sim 100nm$ 范围内。

产品特性 本品具有良好的渗透性和抗流失性，兼具阻燃、抑烟、防腐、杀菌等效果，处理后木材具有较好的耐磨、长效、不变色等效果。

配方 78　高效木材防腐剂

原料配比

原料	配比（质量份）		原料	配比（质量份）	
	1#	2#		1#	2#
环氧树脂	6	11	白茅根	7	8
丙烯酸	0.5	2	甘草	11	15
二辛基二甲基氯化铵	6	8	山梨酸	2	4
聚乙二醇	3	5	纳他霉素	3	8
八硼酸二钠	4	6	乳酸	0.6	1
甘油单硬脂酸酯	5	7	43%乙醇	6	15
藿香	8	10	聚氧乙烯脱水山梨醇单油酸酯	6	12

制备方法 将各组分原料混合均匀即可。

产品特性 本品无毒、无害、防腐效果好，对腐朽菌和害虫有较强的杀灭和抑制能力。

配方 79　高效环保型木材防腐剂

原料配比

原料	配比(质量份)		原料	配比(质量份)	
	1#	2#		1#	2#
硼酸锌	15	10	溴硝丙醇	4	2
多菌灵	10	5	苯甲酸钠	3	1
烷基二甲基苄基氯化铵	10	5	吡啶硫酮钠	2	1
二硫氰基甲烷	8	4	脂肪醇聚氧乙烯醚	1	1
环烷酸铜	6	3	水	35	65
丙酸钙	6	3			

制备方法

(1) 按质量配比称取各组分。

(2) 将硼酸锌、多菌灵、烷基二甲基苄基氯化铵、二硫氰基甲烷、丙酸钙、溴硝丙醇、苯甲酸钠、吡啶硫酮钠加入搅拌器中混合均匀，然后加入水，再加入环烷酸铜和脂肪醇聚氧乙烯醚，搅拌 10～20min，再超声分散 5～20min，即得到所述的高效环保型木材防腐剂。

产品特性 本品具有广谱杀菌和杀虫作用，对多种腐朽菌和害虫有较强的杀灭和抑制能力，处理后木材不变色，具有优良的防腐、防霉、防虫、防变色效果，而且环保性好，性能稳定。

配方 80　含纳米二氧化钛的木材防腐剂

原料配比

原料	配比(质量份)		原料	配比(质量份)	
	1#	2#		1#	2#
硅溶胶	25	15	硼酸锌	8	4
异辛醇磷酸酯	3	1	七钼酸铵	4	2
纳米二氧化钛	5	2	四水八硼酸二钠	7	6
碘化钾	8	5	聚丙烯酸钠	1	2
脂肪醇聚氧乙烯醚	2	1	聚乙二醇	2	2
磷酸氢二铵	15	10	水	20	50

制备方法

(1) 按质量配比称取各组分。

(2) 将异辛醇磷酸酯、纳米二氧化钛、脂肪醇聚氧乙烯醚与水混合均匀，然后加入硅溶胶和碘化钾，并升温至 60～85℃，以 1500～1800r/min 的速度搅拌 20～50min，再加入其他剩余组分，在 35～50℃下，以 60～120r/min 的速度搅拌 10～30min，冷却至室温，即得含纳米二氧化钛的木材防腐剂。

原料介绍 所述硅溶胶中的二氧化硅占 25%～30%。

产品特性 本品具有渗透性好、抗流失性强、成本低等优点，而且处理后木材具有优良的杀菌、防腐效果，同时赋予木材良好的阻燃、抑烟、耐磨和不易开裂等功效，还提高了木材的耐久性和尺寸稳定性等功能。

配方 81　环保复合型木材防腐剂

原料配比

原料	配比(质量份)		原料	配比(质量份)	
	1#	2#		1#	2#
纳米二氧化钛	4	2	对氯间二甲基苯酚	10	5
硼酸三甲酯	10	5	DCOIT	8	2
2-苯并咪唑基氨基甲酸甲酯	10	5	双十烷基二甲基氯化铵	2	2
二硫氰基甲烷	8	4	聚乙二醇	2	1
吡虫啉	6	2	脂肪醇聚氧乙烯醚	1	1
2-苯基咪唑	4	1	水	20	60
十二烷基二甲基苄基氯化铵	15	10			

制备方法

(1) 按质量配比称取各组分。

(2) 将纳米二氧化钛和脂肪醇聚氧乙烯醚加入搅拌器中，然后加入水，启动搅拌器，并按 3000～6000r/min 的速度高速搅拌 20～50min，再加入硼酸三甲酯、2-苯并咪唑基氨基甲酸甲酯、二硫氰基甲烷、吡虫啉和 2-苯基咪唑，调整搅拌器转速按照 80～200r/min 搅拌 20～30min，然后加入其他组分，继续按照 80～200r/min 的速度搅拌 20～30min，然后超声分散 10～20min，即得到所述的环保复合型木材防腐剂。

原料介绍 所述 DCOIT 为 4,5-二氯-N-辛基-4-异噻唑啉-3-酮。

产品特性 本品具有环保、高效、持久、广谱杀菌和杀虫功能，而且防腐、防霉、防虫效果显著，性能稳定。

配方 82　环保型木材阻燃防腐剂

原料配比

原料	配比(质量份)		原料	配比(质量份)	
	1#	2#		1#	2#
磷酸胍基脲	20	15	四水八硼酸钠	8	4
硼酸锌	6	4	双辛基二甲基氯化铵	3	2
磷酸氢二铵	12	8	十四烷基二甲基苄基氯化铵	3	1
纳米二氧化钛	10	6	8-羟基喹啉酮	3	1
钼酸铵	4	2	脂肪醇聚氧乙烯醚	2	1
二甲基二硫代氨基甲酸铜	9	6	水	20	50

制备方法

(1) 按质量配比称取各组分。

(2) 将磷酸胍基脲、硼酸锌、磷酸氢二铵、纳米二氧化钛加入搅拌器中，低速混合 1~3min，然后加入脂肪醇聚氧乙烯醚，高速搅拌 15~30min，再加入水，低速搅拌 10~15min，然后加入钼酸铵、二甲基二硫代氨基甲酸铜、四水八硼酸钠、双辛基二甲基氯化铵、十四烷基二甲基苄基氯化铵、8-羟基喹啉酮，继续搅拌 20~30min，即得环保型木材阻燃防腐剂。

产品特性 本品高效、无毒、环保，处理后木材具有优异的阻燃、抑烟性能，广谱杀菌、杀虫作用，优良的防腐、防霉效果等，而且渗透性好，抗流失性强，成本低。

配方 83 木材防霉防虫防腐剂

原料配比

原料		配比(质量份)					
		1#	2#	3#	4#	5#	6#
硼酸盐	八硼酸二钠	15	—	30	—	—	15
	硼酸锌	—	45	—	15	45	—
季铵盐	十六烷基三甲基溴化铵	6	—	—	—	6	—
	十四烷基二甲基苄基氯化铵	—	15	—	—	—	—
	双癸基二甲基氯化铵	—	—	10	—	—	65
	二辛基二甲基氯化铵	—	—	—	15	—	—
	百菌清	5	10	8	5	10	10
助渗剂	聚乙烯醇	—	—	5	3	10	3
助溶剂	聚乙二醇	4	—	—	10	—	—
	乙烯	—	—	6	—	—	10
	脲醛预缩液	—	10	—	—	4	—
非离子型表面活性剂	失水山梨醇单油酸	—	—	5	—	—	1
	聚氧乙烯脱水山梨醇单油酸酯	—	—	—	10	—	—
	聚氧乙烯失水山梨醇单月桂酸酯	—	—	—	—	1	—
溶剂	二甲苯	加至100	—	—	加至100	—	—
	丙三醇	—	加至100	—	—	—	—
	水	—	—	加至100	—	—	—
	二甲苯和水的混合溶剂	—	—	—	—	加至100	—
	丙三醇和水的混合溶剂	—	—	—	—	—	加至100

制备方法 在 15~35℃、常压条件下，先将溶剂、助溶剂、非离子型表面活性剂、助渗剂投入配制罐中，然后投入百菌清和硼酸盐，利用高剪切分

散乳化机搅拌乳化 30～60min，最后投加季铵盐再搅拌 30～60min，制成乳状防腐剂。

原料介绍 所述的溶剂为二甲苯、丙三醇和水中的一种或多种。

所述的助溶剂为聚乙二醇、脲醛预缩液或乙烯。

所述的助渗剂为聚乙烯醇。

所述的非离子型表面活性剂为失水山梨醇单油酸、聚氧乙烯脱水山梨醇单油酸酯或聚氧乙烯失水山梨醇单月桂酸酯。

所述的硼酸盐为八硼酸二钠或硼酸锌。

所述的季铵盐为十六烷基三甲基溴化铵、十四烷基二甲基苄基氯化铵、二辛基二甲基氯化铵或双癸基二甲基氯化铵。

产品应用 使用本品时可按浓度要求，用水稀释后采用喷刷、浸泡或真空加压浸注等方法处理木材。

产品特性

(1) 本品中的硼酸盐具有广谱杀菌和杀虫作用，对人、畜和环境无害，无刺激性气味，其 pH 值接近中性，处理后木材不变色，便于着色、油漆和胶合。但硼酸盐单独使用时，容易流失，处理后尺寸不稳定，需要加入一些高分子单体和聚合物助剂来防止硼酸盐流失。

(2) 本品中的季铵盐具有广谱杀菌功效，带正电荷的季铵盐被带负电荷的细菌细胞壁吸附后，透过渗透和扩散作用，穿过表面进入细胞膜，从而阻碍细胞膜的半渗透作用，并进一步穿入细胞内部，使细胞酶钝化，达到杀死细菌细胞的作用。季铵盐与木材的结合性很强，与硼酸盐复配能达到很好的防腐、防虫和防霉能力。

(3) 本品中的百菌清（化学名称为 2,4,5,6-四氯-1,3-二氰基苯）是优良的防腐剂。百菌清能与土壤颗粒结合而难溶于水，不污染水环境，也不会在土壤中积累，不会对哺乳动物造成基因突变。

(4) 本品中添加的非离子型表面活性剂可减小防腐剂的表面张力和界面张力，增强防腐剂在木材中的渗透和浸润性。

(5) 本品中添加助溶剂是为了增大防虫剂、防霉防腐剂在溶剂中的溶解度，避免在贮存过程中从溶剂中析出、结晶，导致产品的防虫、防腐、防霉效果下降。助渗剂可提高本品活性成分在细胞间的扩散与渗透，促进活性成分从木材表面渗透进入细胞内，增强产品的防腐效果，同时还可以防止产品流失，延长产品的防腐周期。

(6) 本产品安全无毒，生物降解性好，不会对环境造成不良影响。

(7) 本产品溶解性能好，适用 pH 值范围宽，耐热、耐光，贮存稳定性好。

(8) 本品配方合理，充分发挥各组分的防腐、防虫、防霉、防变色能力，并起到协同增效作用，增强了该防腐剂的防腐、防霉、防虫、防变色能力。

配方 84 木材杀菌防腐剂

原料配比

原料	配比（质量份）			原料	配比（质量份）		
	1#	2#	3#		1#	2#	3#
百菌清	5	10	8	甘油单硬脂酸酯	2	3	2.3
二辛基二甲基氯化铵	3	5	3.5	聚乙烯醇	7	8	7.8
二甲苯	1	2	1.2	水	1	2	1.2
十四烷基二甲基苄基氯化铵	4	5	4.5	失水山梨醇单油酸	1	2	1.2
硼酸锌	7	8	7.8	脲醛预缩液	2	3	2.3
聚乙二醇	1	2	1.2	八硼酸二钠	8	9	8.9
聚氧乙烯脱水山梨醇单油酸酯	2	3	2.3	十六烷基三甲基溴化铵	2	3	2.3
丙三醇	1	2	1.2	聚氧乙烯失水山梨醇单月桂酸酯	1	2	1.2
双癸基二甲基氯化铵	1	2	1.2	脂肪胺聚氧乙烯醚	1	2	1.2

制备方法 将各组分原料混合均匀即可。

产品特性 本品具有广谱杀菌和杀虫作用，对多种腐朽菌和害虫有较强的杀灭和抑制能力，处理后木材不变色，具有优良的防腐、防霉、防虫、防变色效果。

配方 85 木制品防腐剂

原料配比

原料	配比（质量份）			
	1#	2#	3#	4#
碳酸氢铜	40	46	52	60
椰油基二甲基氯化铵	1	3	7	10
四硼酸钠	2.6	3	3.9	4.4
环丙唑醇	2	3.6	4.2	5
氨水	2	3.5	4.3	5
去离子水	加至 100	加至 100	加至 100	加至 100

制备方法

（1）将 1%～10%椰油基二甲基氯化铵、2.6%～4.4%四硼酸钠、2%～5%环丙唑醇和适量去离子水混合，加热至 100～110℃，不断搅拌直至固体完全溶解；

（2）冷却至室温后加入 40%～60%碳酸氢铜和 2%～5%氨水，最后加入去离子水使总质量分数为 100%；

（3）搅拌直到所有组分完全溶解。

产品应用 本品是一种木制品防腐剂。处理木制品的方法如下：

（1）将木制品置于密闭的压力浸注罐中，加入本品至满罐。

（2）加压至（0.8±0.05)MPa，保持约 1～10h。

（3）泄压并排空防腐剂。

(4) 从罐中取出木制品。

产品特性

(1) 本品中碳酸氢铜对真菌具有较好的抑制作用，价格适中，对环境友好，并且对人、畜无害；环丙唑醇具有防霉作用；氨水可增加碳酸氢铜的溶解性；椰油基二甲基氯化铵具有杀菌效果，还可提高制剂的稳定性，防止环丙唑醇沉淀；四硼酸钠是优良的防腐剂，渗透性好并且具有防虫功能。

(2) 本品不含砷、铬等物质，毒性低，具有良好的防腐、防虫效果。本品不会对环境造成污染，使用安全。

(3) 用本品处理的防腐木制品，经检测其顺纹抗压强度大于41MPa，抗弯强度大于61MPa，使用寿命在25年以上。

配方 86 实木防腐剂

原料配比

原料	配比（质量份）			
	1#	2#	3#	4#
氢氧化铜	25	30	40	50
十二烷基苄基二甲基氯化铵	3	6	10.5	15
五硼酸钠	3.1	3.4	4.1	4.9
戊唑醇	1	1.4	2.2	2.6
氨水	1	1.4	2.1	2.6
去离子水	加至100	加至100	加至100	加至100

制备方法

(1) 将3%～15%十二烷基苄基二甲基氯化铵、3.1%～4.9%五硼酸钠、1%～2.6%戊唑醇和适量去离子水混合，加热至100～110℃，不断搅拌直至固体完全溶解；

(2) 冷却至室温后加入25%～50%氢氧化铜和1%～2.6%氨水，最后加入去离子水使总质量分数为100%；

(3) 搅拌直到所有组分完全溶解。

产品应用 本品是一种实木防腐剂。处理实木及木制品的方法如下：

(1) 将实木置于密闭的压力浸注罐中，加入本品至满罐；

(2) 加压至（0.8±0.05）MPa，保持约1～10h；

(3) 泄压并排空防腐剂；

(4) 从罐中取出实木。

产品特性

(1) 本品中氢氧化铜对真菌具有较好的抑制作用，价格适中，对环境友好，并且对人、畜无害；戊唑醇具有防霉作用；氨水可增加氢氧化铜的溶解性；十二烷基苄基二甲基氯化铵具有杀菌效果，还可提高制剂的稳定性，防止戊唑醇沉淀；五硼酸钠是优良的防腐剂，渗透性好并且具有防虫功能。

（2）本品不含砷、铬等物质，毒性低，具有良好的防腐、防虫效果。本品不会对环境造成污染，使用安全。

（3）用本品处理的防腐实木，经检测其顺纹抗压强度大于40MPa，抗弯强度大于60MPa，使用寿命在25年以上。

配方 87　无毒环保木材阻燃防腐剂

原料配比

原料	配比（质量份）		原料	配比（质量份）	
	1#	2#		1#	2#
聚乙二醇	6	2	水溶性聚磷酸铵	9	6
硼酸三甲酯	12	8	钼酸铵	3	1
四羟甲基硫酸	4	2	纳米二氧化硅	8	6
多菌灵	6	3	异辛醇磷酸酯	0.5	0.5
纳米二氧化钛	1	0.1	聚丙烯酸钠	0.5	0.4
磷酸胍基脲	12	6	脂肪醇聚氧乙烯醚	1	1
硼酸	7	4	水	30	60

制备方法

（1）按质量配比称取各组分。

（2）将聚乙二醇、纳米二氧化钛、纳米二氧化硅和脂肪醇聚氧乙烯醚加入搅拌器中，混合均匀，然后加入水、异辛醇磷酸酯和聚丙烯酸钠，并升温至60～85℃，以1500～1800r/min的速度搅拌20～50min，然后加入磷酸胍基脲、硼酸、水溶性聚磷酸铵、钼酸铵，在35～50℃下，以60～120r/min的速度搅拌10～20min，然后冷却至室温，再加入硼酸三甲酯、四羟甲基硫酸和多菌灵，继续以60～120r/min的速度搅拌10～20min，即得无毒环保木材阻燃防腐剂。

产品特性　本品处理后木材具有优良的阻燃、抑烟、防腐、防霉、防虫、杀菌等多功能协同效果，而且化学性能稳定，适应性广，高效、持久，渗透性好，抗流失性强，无毒环保，同时还能明显提升木材的力学强度和耐磨性能等。

配方 88　增韧补强的木材防腐剂

原料配比

原料	配比（质量份）		原料	配比（质量份）	
	1#	2#		1#	2#
氨基硅油	8	4	纳米二氧化锆	0.5	0.5
羧酸	2	1	八硼酸钠	8	5
十二烷基硫酸钠	1	0.5	百菌清	9	8
纳米碳酸钙	15	8	聚丙烯酸钠	1.5	1
氯化镁	9	6	聚乙二醇	3	2
硼酸锌	8	4	水	35	60

制备方法

(1) 按质量配比称取各组分。

(2) 将氨基硅油、羧酸、十二烷基硫酸钠与水混合均匀,然后加入纳米碳酸钙和纳米二氧化锆,并升温至 $60\sim85℃$,以 $1500\sim1800r/min$ 的速度搅拌 $20\sim50min$,再加入其他剩余组分,在 $35\sim50℃$ 下,以 $60\sim120r/min$ 的速度搅拌 $10\sim30min$,然后冷却至室温,即得增韧补强的木材防腐剂。

产品特性　本品具有渗透性好、抗流失性强、成本低等优点,而且处理后木材具有优良的增韧补强效果,同时赋予木材良好的防腐、防虫、防蛀、阻燃、耐磨、不易开裂和经久耐用等功能。

配方 89　用于木材浸渍处理的阻燃防腐剂

原料配比

原料	配比(质量份)		原料	配比(质量份)	
	1#	2#		1#	2#
苯酚	12	8	聚磷酸铵	8	3
甲醛	8	5	百菌清	8	6
磷酸	10	8	四水八硼酸钠	8	5
双氰胺	6	3	硅溶胶	20	50
尿素	9	6	十二烷基苯磺酸钠	1	1
硼酸	10	8			

制备方法

(1) 按质量配比称取各组分。

(2) 在反应釜中依次加入苯酚和甲醛,开启搅拌器,慢慢加入氢氧化钠溶液调节 pH 值至 $11\sim12$,并逐渐升温至 $55\sim65℃$,然后加入磷酸和双氰胺,继续升温至 $80\sim85℃$,保温反应 $1.5\sim2h$ 后,降温至 $65\sim75℃$,再加入尿素,保温 $15\sim25min$,然后加入硼酸,反应 $10\sim15min$ 后,调节 pH 值至 $8\sim8.5$,降温至 $35\sim40℃$,然后加入聚磷酸铵、百菌清、四水八硼酸钠、硅溶胶、十二烷基苯磺酸钠,搅拌 $10\sim15min$,出料即得所述的用于木材浸渍处理的阻燃防腐剂。

原料介绍

所述甲醛的质量分数为 $35\%\sim40\%$。

所述磷酸的质量分数为 $20\%\sim25\%$。

所述硅溶胶中二氧化硅占 $20\%\sim30\%$。

产品特性　本品可使处理后木材具有优异的阻燃防腐性能,而且渗透性好,成本低,抗流失性强,适应性广,易于推广应用。

配方 90　用于木材处理的复合型环保防腐剂

原料配比

原料	配比(质量份)		原料	配比(质量份)	
	1#	2#		1#	2#
聚乙二醇	25	50	多菌灵	10	6
八硼酸钠	25	20	异辛醇磷酸酯	3	2
十二烷基二甲基苄基氯化铵	15	10	壬基酚聚氧乙烯醚	6	4
四羟甲基硫酸	8	4	十二烷基硫酸钠	2	1
吡虫啉	6	3			

制备方法　按质量配比称取各组分，加入搅拌器中，搅拌至完全均匀分散即得。

产品特性　本品可使处理后木材具有良好的防腐、杀菌效果，而且广谱、高效、持久，化学性能稳定，渗透性好，抗流失性强，无毒环保，便于推广应用。

配方 91　纤维板防腐剂

原料配比

原料	配比(质量份)			
	1#	2#	3#	4#
硫酸铜	23	28	30	35
双十二烷基二甲基氯化铵	4	9	14.5	17
硼酸钠	2.2	4.1	5.0	6
丙环唑	1.3	2.2	3.3	3.8
去离子水	加至100	加至100	加至100	加至100

制备方法

(1) 将 4%～17%双十二烷基二甲基氯化铵、2.2%～6%硼酸钠、1.3%～3.8%丙环唑和适量去离子水混合，加热至 100～110℃，不断搅拌直至固体完全溶解；

(2) 冷却至室温后加入 23%～35%硫酸铜，最后加入去离子水使总质量分数为 100%；

(3) 搅拌直到所有组分完全溶解。

产品应用　使用本品处理纤维板及木品的方法如下：

(1) 将纤维板置于密闭的压力浸注罐中，加入本品至满罐。

(2) 加压至 (0.8±0.05) MPa，保持约 1～10h。

(3) 泄压并排空防腐剂。

(4) 从罐中取出纤维板。

产品特性

(1) 本品中硫酸铜对真菌具有较好的抑制作用，价格适中，对环境友好，并且对人、畜无害；丙环唑具有防霉作用；双十二烷基二甲基氯化铵具有杀菌效果，还可提高制剂的稳定性，防止丙环唑沉淀；硼酸钠是优良的防腐剂，渗透性好并且具有防虫功能。

（2）本品不含砷、铬等物质，毒性低，具有良好的防腐、防虫效果。本品不会对环境造成污染，使用安全。

（3）用本品处理的防腐纤维板，经检测其顺纹抗压强度大于41MPa，抗弯强度大于61MPa，使用寿命在25年以上。

配方 92　渗透性好的木材浸渍处理用的阻燃杀菌防腐剂

原料配比

原料	配比（质量份）		原料	配比（质量份）	
	1#	2#		1#	2#
磷酸胍基脲	15	10	纳米二氧化钛	5	2
硼酸	8	4	脂肪醇聚氧乙烯醚	2	1
硅溶胶	20	15	异辛醇磷酸酯	3	2
八硼酸钠	9	6	聚丙烯酸钠	2	2
聚乙二醇	6	3	水	30	55

制备方法

（1）按质量配比称取各组分。

（2）将聚乙二醇、纳米二氧化钛、脂肪醇聚氧乙烯醚与水混合均匀，然后加入硅溶胶，并升温至60～85℃，以1500～1800r/min的速度搅拌20～50min，再加入其他剩余组分，在35～50℃下，以60～120r/min的速度搅拌10～30min，然后冷却至室温，即得渗透性好的木材浸渍处理用的阻燃杀菌防腐剂。

原料介绍　所述硅溶胶中二氧化硅占25%～30%。

所述纳米二氧化钛的粒径在1～100nm范围内。

产品特性　本品可使处理后木材兼具阻燃、防腐、杀菌等功能，而且渗透性好，抗流失性强，尺寸稳定性好，不易开裂、不易收缩膨胀，耐磨性好，还较好地提升了木材的力学强度和持久、耐用性能等，因而具有很高的实用价值和推广应用前景。

配方 93　木材专用防腐剂

原料配比

原料		配比（质量份）				
		1#	2#	3#	4#	5#
聚丙烯酸酯	缩聚度为20	20	—	—	—	—
	缩聚度为40	—	20	—	—	—
	缩聚度为30	—	—	20	—	—
	缩聚度为25	—	—	—	20	—
	缩聚度为35	—	—	—	—	20
	纯水	适量	适量	适量	适量	适量

原料		配比(质量份)				
		1#	2#	3#	4#	5#
吡虫啉		0.1	0.7	0.4	0.3	0.5
十二烷基苯磺酸钠		0.1	0.5	0.3	0.2	0.4
抗坏血酸		0.3	0.7	0.5	0.4	0.6
使君子		20	30	25	22	28
百部		25	35	30	28	32
雷公藤		10	20	15	12	18
苦楝子		15	25	20	18	22
防风		18	28	23	20	26
黄柏		12	24	18	16	20
纯水		适量	适量	适量	适量	适量
抑菌剂	对羟基苯甲酸钠	0.1	—	—	—	—
	山梨酸	—	0.5	—	—	—
	山梨酸钾	—	—	0.3	—	—
	邻羟基苯甲酸	—	—	—	0.2	—
	苯甲酸钠	—	—	—	—	0.4

制备方法

(1) 取使君子、百部、雷公藤、苦楝子、防风和黄柏,加入 6～8 倍体积水回流提取 1～3 次,每次 1～3h,合并提取液,浓缩至 30℃时相对密度为 1.06～1.10 的流浸膏,备用;

(2) 将聚丙烯酸酯加入一定量纯水中,加入十二烷基苯磺酸钠,以 2000～4000r/min 的速度分散 20～40min,加入吡虫啉、抗坏血酸、抑菌剂和上述流浸膏,充分混合,即得。

原料介绍 所述聚丙烯酸酯的缩聚度为 20～40。

所述抑菌剂为对羟基苯甲酸钠、山梨酸、山梨酸钾、邻羟基苯甲酸、苯甲酸钠。

产品特性 本品成本低,工艺简单,具有显著的防霉和防虫害性能,且主要成分为中药提取物,能显著减少环境污染。

配方 94 环保型木材防腐剂

原料配比

原料	配比(质量份)		原料	配比(质量份)	
	1#	2#		1#	2#
硼酸锌	12	8	二硫氰基甲烷	4	4
纳米二氧化钛	10	10	十四烷基二甲基苄基氯化铵	4	2
八硼酸钠	10	5	8-羟基喹啉酮	2	1
二甲基二硫代氨基甲酸铜	8	5	蒸馏水	50	65

制备方法 按质量配比称取各组分,加入搅拌器中,混合 3～5min,制成均

匀、稳定的混合液，即得环保型木材防腐剂。

产品特性　本品具有高效、环保、防腐、防虫、杀菌等优点。

配方 95　环保性好的木材防腐剂

原料配比

原料	配比（质量份）		原料	配比（质量份）	
	1#	2#		1#	2#
聚乙二醇	6	3	氧化铝溶胶	8	2
四羟甲基硫酸	10	6	纳米二氧化钛	2	0.5
二甲基二硫代氨基甲酸铜	7	4	聚丙烯酸钠	2	0.5
四水八硼酸二钠	10	6	脂肪醇聚氧乙烯醚	2	1
双辛基二甲基氯化铵	5	2	水	40～70	70
硼酸锌	8	5			

制备方法　按质量配比称取各组分，加入搅拌器中，搅拌至完全均匀分散，即得环保性好的木材防腐剂。

产品特性　本品具有渗透性好、抗流失性强、无毒环保等优点，而且处理后木材兼具防腐、防霉、防虫、杀菌、阻燃等功效，其化学稳定性好，性能优良，易于推广应用。

5 皮革防腐剂

配方 1　基于植物提取液的混凝土抗硫酸镁侵蚀防腐剂

原料配比

原料	配比(质量份)			
	1#	2#	3#	4#
菠菜粉	90	90	95	100
甜菜粉	90	90	95	100
去离子水	80	100	120	120
酒石酸	18	20	20	22
乙二胺四乙酸二钠	25	28	28	30
乙酸钠	15	18	18	20

制备方法

(1) 菠菜粉获取：采摘新鲜无腐烂菠菜，去除叶梗和叶茎，保留菠菜叶，用清水浸洗，晾干，研磨成菠菜粉；菠菜粉的细度为80~120目。

(2) 甜菜粉获取：选取新鲜甜菜根部，用清水浸洗，晾干，切丝，研磨成甜菜粉；甜菜粉的细度为50~100目。

(3) 原料混合：按照上述的质量份称取原料并混合得到混合液。

(4) 提取：将混合液加热并进行超声提取，得到提取液；加热温度为70~80℃，加热时间为30~40min；超声温度为70~80℃，超声时间为45~60min，超声频率为40kHz，功率密度为0.5~0.7W/cm²。

(5) 过滤：用滤纸将提取液过滤，收集滤液。

(6) 结晶、密封：将滤液蒸发、结晶、干燥，获得粉末状固体，装袋密封。

产品特性　本品以植物提取液为主要成分，原料来源广泛，成本低廉，可以显著地提高混凝土抗硫酸镁侵蚀性能，所需原料天然无污染，符合可持续发展战略，同时制作工艺简单。

配方 2　环保皮毛防腐剂

原料配比

原料	配比(质量份)	原料	配比(质量份)
环氧树脂	2~9	沉淀硫酸钡	1.6~3
环己酮	2~9	茶多酚	0.5~1.1

制备方法 将各组分原料混合均匀即可。

产品特性 本品具有很好的皮毛防腐能力。

配方 3 环保型原皮防腐剂

原料配比

原料		配比（质量份）		
		1#	2#	3#
氯化钠		5	5	5
聚乙烯醇	聚乙烯醇-25000	1.5	—	3
	聚乙烯醇-35000	—	1.5	—
聚乙二醇	聚乙二醇-6000	1.5	—	—
	聚乙二醇-4000	—	1.5	3
聚丙二醇	聚丙二醇-2000	0.5	—	0.1
	聚丙二醇-1000	—	0.5	—
聚四氢呋喃醚二醇	聚四氢呋喃醚二醇-2000	0.5	—	0.1
	聚四氢呋喃醚二醇-1000	—	0.5	—
聚丙烯酰胺		0.2	0.2	0.1

制备方法 按比例分别称取氯化钠、聚乙烯醇、聚乙二醇、聚丙二醇、聚四氢呋喃醚二醇、聚丙烯酰胺，混合均匀并粉碎成粉末，即得环保型原皮防腐剂。

原料介绍 所述的聚乙烯醇的分子量为 25000～35000。

所述的聚乙二醇的分子量为 1000～10000。

所述的聚丙二醇的分子量为 400～2000。

所述的聚四氢呋喃醚二醇的分子量为 600～2000。

产品应用 本品是一种新型、无毒环保、可生物降解、具有良好防腐效果的少盐原皮防腐剂。

所述防腐剂可以用于制革防腐及浸水工段中生皮的防腐，且防腐剂的用量为生皮的 8%～12% 时即可达到较好的防腐效果。

产品特性

(1) 本品用量少，安全无毒，可生物降解，能大幅度降低制革废水中总溶解固体量（TDS）及氯化物污染，且不会对后续鞣制过程产生负面效果。

(2) 本防腐剂采用安全无毒、可生物降解的亲水性高分子聚合物，具有污染少、成本低、防腐效果好的特点，将其用于原皮防腐，拓展了制革工艺新视野。

(3) 亲水性聚合物/氯化钠是一种少盐防腐剂，避免了一般化学防腐剂的毒性。

(4) 亲水性聚合物/氯化钠少盐防腐剂的使用不需要引进新的制革设备，在原有的制革工艺和设施下即可使用，也不会影响成革的综合性能。

配方 4 毛皮标本用环保型软膏防腐剂

原料配比

原料	配比（质量份）		
	1#	2#	3#
尼泊金甲酯	0.1	0.05	0.12
粒径为 25nm 的纳米银粒子	0.5	—	—
粒径为 20nm 的纳米银粒子	—	0.7	—
粒径为 28nm 的纳米银粒子	—	—	0.33
1,2-苯并异噻唑啉-3-酮	0.15	0.1	0.2
羟甲基甘氨酸钠	0.7	1	0.4
凡士林	12	10	15
蒸馏水	85	90	84
柑橘类水果果皮提取物	0.6	0.5	0.8
金银花提取物	0.25	0.2	0.3
艾叶提取物	0.4	0.5	0.3

制备方法

（1）柑橘类水果果皮提取物的制备：取柑橘类水果的果皮，洗净晾干后，置于破碎机中破碎成浆料，向该浆料中加入其质量 0.3%～0.7% 的纤维素酶和其质量 0.2%～0.4% 的果胶酶，搅拌均匀后，于 40～50℃ 条件下进行酶解处理 1.5～2.5h；在不断搅拌条件下，向所得酶解产物中加入 NaOH 溶液，直至所得混合物的 pH 值为 10～11，然后进行真空抽滤，取滤液，并在不断搅拌条件下，向滤液中加入酸碱调节剂，调节滤液的 pH 值为 2～3，取下层沉淀，用蒸馏水反复冲洗并干燥后，即得柑橘类水果果皮提取物，备用。所述酶解处理的过程中，每间隔 30min 进行超声波处理 20～30s。所述向滤液中加入酸碱调节剂的过程中，辅助进行超声波振荡处理，且超声波振荡处理的频率为 55～65kHz。

（2）金银花提取物的制备：取新鲜金银花，摊晒晾干至含水量为 3%～5% 后，置于微波反应器中，调节微波功率为 400～500W，微波处理 70～90s，然后，粉碎成粒径为 0.2～0.5mm 的粉末，并向所得粉末中加入其质量 2～4 倍的乙醇溶液，充分搅拌混合后，在超声波辅助条件下回流提取 1～2h，取高于 80℃ 的馏分，即得金银花提取物，备用。

（3）艾叶提取物的制备：取新鲜艾叶，洗净晾干后，置于微波反应器中，调节微波功率为 300～400W，微波处理 40～50s，然后，向所得艾叶中加入其质量 4～5 倍的蒸馏水，于 200～300℃ 条件下蒸馏提取 1.5～2h，所得蒸馏原液即为艾叶提取物，备用。

（4）软膏防腐剂的制备

①按照上述质量份，分别称取尼泊金甲酯、纳米银粒子、1,2-苯并异噻唑啉-3-酮、羟甲基甘氨酸钠、凡士林、蒸馏水以及步骤（1）制得的柑橘类水果果

皮提取物、步骤（2）制得的金银花提取物和步骤（3）制得的艾叶提取物，备用。

② 取步骤①所称取的尼泊金甲酯，1,2-苯并异噻唑啉-3-酮和羟甲基甘氨酸钠，充分混合，制得混合原料，备用。

③ 将步骤②制得的混合原料加入步骤①所称取的蒸馏水中，于65～75℃水浴条件下，不断搅拌至完全溶解后，制得混配物Ⅰ，备用。

④ 取步骤①所称取的纳米银粒子、凡士林、柑橘类水果果皮提取物、金银花提取物和艾叶提取物，放入不锈钢容器内，于65～75℃水浴条件下，不断搅拌至混匀，制得混配物Ⅱ，备用。

⑤ 在不断搅拌和65～75℃水浴条件下，将步骤③制得的混配物Ⅰ倾倒入步骤④制得的混配物Ⅱ中，搅拌均匀后，密封并自然冷却至室温，即得凝固态的成品软膏防腐剂。

原料介绍 所述的酸碱调节剂为乙酸溶液或磷酸溶液。

产品特性

（1）本品能够对毛皮标本细胞实现快速渗透和附着，并具有优异的抑菌、杀菌，防霉，抗氧化功效，从而提高毛皮标本的质量和保存时间。同时，该防腐剂具有安全无毒、环保的特点。

（2）本品配方合理、成分科学安全、环境友好，配制操作方便，适用于骨骼标本、浸泡标本、塑化标本、毛皮标本等的长期保存，大大提高了保存效果，降低了标本护理成本。本品相较于现有技术中的常规防腐剂，贴合度高，生物相容性更好，毛皮标本还原度更高，且对毛皮标本的组织器官无任何破坏、发暗、变色作用，有效提高了制作效率，降低了制作成本。

配方 5　无损伤毛皮防腐剂

原料配比

原料	配比(质量份)			原料	配比(质量份)		
	1#	2#	3#		1#	2#	3#
月桂基硫酸钠	4	8	6	十八醇	10	20	15
乙二胺四乙酸二钠	0.1	0.5	0.3	氟硅酸钠	0.3	0.8	0.6
氯化钾	1	3	2	甲基纤维素醚	2	6	4
氯化镁	2	5	3	香精	0.1	0.3	0.2
水溶性羊毛脂	0.3	0.8	0.6	水	80	100	90

制备方法 按配方量称取上述各物料，加入配料釜中，搅拌均匀后即可得成品。

产品特性

（1）本品具有良好的防腐效果，不损伤毛皮外表面；

（2）本品制备工艺简单，成本低廉，无毒。

配方 6　皮革防腐剂

原料配比

原料	配比(质量份)				
	1#	2#	3#	4#	5#
月桂基硫酸钠	10	12	12.5	13	15
藿香精油	3	4	4.5	5	6
薄荷精油	1	1.5	2	2.5	3
硅藻土	5	5.5	6	6.5	7
烷基糖苷	1.5	2	2.25	2.5	3
对羟基苯甲酸甲酯	4	6	6.5	7	9
苯酸乙醇	7	8	8.5	9	10
环己酮	3	4	5	6	7
水	40	43	45	47	50

制备方法　将各组分原料混合均匀即可。

产品特性　本品各原料相互作用、相互影响，具有良好的防霉、杀菌、抑菌性能，可以有效减少微生物对皮革的侵害，减少了原料皮革贮存中的损失。

配方 7　皮革用防腐剂

原料配比

原料	配比(质量份)	原料	配比(质量份)
亚乙基双硬脂酰胺	1.5	硫酸化蓖麻油	4
环氧树脂	28	润滑剂	2.5
棕榈蜡	6	PMMA(聚甲基丙烯酸甲酯)	3
硅油	8	软化剂	9
苯甲酸甲酯	3.5	增亮剂	1.2
亚硫酸氢钠	1.2	去离子水	48
动物脂肪酸	9	四氮唑	9
植物精油	3	海藻提取物	3
聚醚硅氧烷	11	高苯乙烯	0.55
防霉杀菌剂	3.5	氢氧化钙	0.1
硬脂酸钠	2	野菊花提取物	4

制备方法　将各组分原料混合均匀即可。

产品特性　本品成本低，各原料发挥协同作用，具有良好的软化皮质、提高手感的效果，同时能防止箱包表面干燥、龟裂，抑菌、杀菌、耐腐蚀性能好，保光、保色性能好，自清洁性能优异。

配方 8　皮毛防腐剂

原料配比

原料	配比(质量份)			原料	配比(质量份)		
	1#	2#	3#		1#	2#	3#
氯化钠	50	65	80	硫酸镁	10	15	20
氯化钾	10	15	20	硫酸铜	4	6	8
氯化镁	16	29	42	氢氧化钙	2	3	4
氯化钙	4	6	8	硝基甲烷	4	5	6
硫酸钠	8	10	12				

制备方法　将各组分原料混合均匀即可。

产品特性　本品无毒无害，可有效防止皮毛制品被腐蚀，增加皮毛制品的使用寿命。

配方 9　皮毛防霉防腐剂

原料配比

原料	配比(质量份)		原料	配比(质量份)	
	1#	2#		1#	2#
月桂基硫酸钠	9	14	氢氧化钙	5	6
甲基纤维素醚	3	5	硫酸钠	9	11
氯化钾	4	7	氯化镁	13	16
丙二醇	6	11	壳聚糖	5	8
纯净水	40	40	半边莲	4	5
环氧树脂	10	14	银杏叶	1.5	6
环己酮	3	8	连翘叶	1	5

制备方法　将各组分原料混合均匀即可。

产品特性　本品具有良好的防腐效果，同时不会对皮革造成伤害，很好地提高了皮革的使用寿命。

配方 10　抑菌型皮革专用防腐剂

原料配比

原料	配比(质量份)		原料	配比(质量份)	
	1#	2#		1#	2#
氯化钙	20	36	全氟辛酸	5	8
三氯乙醛	5	7	蜂蜡	15	22
硫酸镁	3	6	二月桂酸二丁基锡	5	7
植物精油	5	10	杀菌剂	4	6
橄榄油聚乙二醇酯	6	8	十二烷基氨基丙酸钠	8	16
硝基甲烷	3	8	氯化苄烷铵	2	3.5
硼砂	4	7	乳酸	3.2	4.6
吐温-20	4	6			

制备方法 将各组分原料混合均匀即可。

产品特性 本品具有防霉、杀菌、抑菌的特点，成本低，使用方便，可长久抑菌，有效延长皮革的使用寿命。

配方 11 用于皮革的无毒防腐剂

原料配比

原料	配比(质量份)			原料	配比(质量份)		
	1#	2#	3#		1#	2#	3#
葡萄柚种子提取物	5	6	7	大蒜	9	11	13
二氧六环	3	4	6	D-异抗坏血酸钠	16	1.85	21
硼酸	1	2	3	半边莲	18	22	25
双乙酸钠	18	20	22	纳他霉素	1	3	4
山梨酸钾	15	17	21	连翘叶粉	15	17	19
虎杖	4	6.5	9	戊二醛	25	27.5	30

制备方法 将葡萄柚种子提取物、二氧六环、硼酸、双乙酸钠、山梨酸钾、虎杖、大蒜混合，高速分散（500～600r/min）10～20min，得到第一混合物；将 D-异抗坏血酸钠、半边莲、那他霉素、连翘叶粉、戊二醛混合，高速分散（800～1000r/min）15～20min，得到第二混合物，将第一混合物和第二混合物混合，烘干，即可。

产品特性 本品具有防腐效果好且天然无毒的特点，弥补了传统防腐剂危害皮革的缺点。

配方 12 用于皮革的低成本防腐剂

原料配比

原料	配比(质量份)			原料	配比(质量份)		
	1#	2#	3#		1#	2#	3#
乳酸链球菌素	12	13	15	大蒜	8	10	12
二氧六环	6	8	10	柚皮	5	6	7
硼酸	9	11	12	陶土	10	11.5	13
大黄	11	15	20	纳他霉素	3	3.5	4
决明子	18	20	23	煤焦油	2	4	6
虎杖	13	14.5	16	戊二醛	15	16.5	18

制备方法 将乳酸链球菌素、二氧六环、硼酸、大黄、决明子、虎杖、大蒜、柚皮混合，高速分散（1100～1300r/min）10～20min，得到第一混合物；将陶土、那他霉素、煤焦油、戊二醛混合，高速分散（600～700r/min）15～20min，得到第二混合物，将第一混合物和第二混合物混合，烘

干，即可。

产品特性　本品具有良好的防腐性能和优异的耐高、低温能力，成本低。

配方 13　用于皮革的防腐剂

原料配比

原料	配比（质量份）			原料	配比（质量份）		
	1#	2#	3#		1#	2#	3#
乙酸丁酯	11	12	14	触变剂	1.5	3	4.5
单硬脂酸甘油酯	1	4.5	8	石墨粉	16	20	25
菊花	19	21	22	柔韧剂	2	3	4
钛酸酯	3	5	8	复合氨基酸	15	16	17
四氮唑	2	6	9	桐油	8	9	10
正丁醇	1	3	4	红丹	3	6	9

制备方法　将乙酸丁酯、单硬脂酸甘油酯、菊花、钛酸酯、四氮唑、正丁醇、触变剂、石墨粉、柔韧剂、复合氨基酸、桐油、红丹混合，高速分散（500～650r/min）30～40min，烘干，即可。

产品特性　本品所用原料易得，操作简单，成本低，防腐效果显著，值得推广。

配方 14　用于加工皮革的防腐剂

原料配比

原料	配比（质量份）			原料	配比（质量份）		
	1#	2#	3#		1#	2#	3#
葡萄柚种子提取物	8	9	10	苯扎溴铵	1.5	3.5	5.5
甘草	14	16	18	中铬黄	9	12	14
香梨果汁	6	8	10	半边莲	24	29	34
硅酸钠	21	22	23	乳酸链球菌素	0.5	1.5	2.5
山梨酸钾	11	13	15	糯米汁	9	13	14
虎杖	3	6	10	蛋清	13	15	18

制备方法　将葡萄柚种子提取物、甘草、香梨果汁、硅酸钠、山梨酸钾、虎杖、苯扎溴铵混合，高速分散（550r/min）20～40min，得到第一混合物；将中铬黄、半边莲、乳酸链球菌素、糯米汁、蛋清混合，高速分散（500～600r/min）10～20min，得到第二混合物，将第一混合物和第二混合物混合，烘干，即可。

产品特性　本品工艺简便，配方合理，成本低廉，可显著延长皮革的使用寿命。

配方 15　用于皮革制品的防腐剂

原料配比

原料	配比(质量份)			原料	配比(质量份)		
	1#	2#	3#		1#	2#	3#
乙酸丁酯	10	13	15	高苯乙烯	0.5	3.5	6.5
桂皮	11	15	18	石墨粉	18	21	23
菊花	9	10	12	十六胺	4	6	8
柠檬酸	6	7	8	金银花水提物	17	18	20
四氮唑	15	16	17	芳烃油	25	27	29
海藻糖	3	4	5	红丹	4	5	6

制备方法　将乙酸丁酯、桂皮、菊花、柠檬酸、四氮唑、海藻糖、高苯乙烯、石墨粉混合，高速分散（400～600r/min）32～45min，得到第一混合物；将十六胺、金银花水提物、芳烃油、红丹混合，高速分散（650～750r/min）15min，得到第二混合物，将第一混合物和第二混合物混合，烘干，即可。

产品特性　本品具有耐腐蚀性能好，保光、保色性能好，自清洁性能优异的特点。

CN 201710644982. 1
CN 201710696213. 6
CN 201710483222. 7
CN 201710941190. 0
CN 201310361128. 6
CN 201710674681. 3
CN 201610768004. 3
CN 201210312443. 5
CN 201710644992. 5
CN 201810361279. 4
CN 201710941661. 8
CN 201510255629. 5
CN 201510276268. 2
CN 201210002268. X
CN 201510492013. X
CN 201511001648. 1
CN 201710644900. 3
CN 201310460588. 4
CN 201910730781. 2
CN 201880003093. X
CN 201610768520. 6
CN 201810561642. 7
CN 201410807639. 0
CN 201710644774. 1
CN 201811268674. 4
CN 201510240360. 3
CN 201310555825. 5
CN 201710970385. 8
CN 201810611692. 1
CN 201310451780. 7
CN 201310414822. X
CN 201610760476. 4
CN 201410001105. 9
CN 201910002756. 2
CN 201510575822. 7
CN 201810549454. 2
CN 201510195072. 0

CN 201710170986. 0
CN 201711391802. X
CN 201310462141. 0
CN 201310461594. 1
CN 201910642429. 3
CN 201610421941. 1
CN 201711392115. X
CN 201510522007. 4
CN 201910825761. 3
CN 201510660332. 7
CN 201510657083. 6
CN 201810041702. 2
CN 201811395429. X
CN 201910515697. 9
CN 201410433220. 3
CN 201610882401. 3
CN 201610333692. 0
CN 201210404585. 4
CN 201110064084. 5
CN 201910059810. 7
CN 201310198945. 4
CN 201910256122. X
CN 201811635350. X
CN 201010256189. 2
CN 201510397710. 7
CN 201610206463. 2
CN 201811566612. 1
CN 201810775454. 4
CN 201410022047. 8
CN 201810123238. 1
CN 201410340312. 7
CN 201610325829. 8
CN 201310234392. 3
CN 200910272145. 6
CN 201210591901. 3
CN 200910309952. 0
CN 201710662072. 6

CN 201510540991. 7
CN 201610384962. 0
CN 201710770094. 4
CN 201310022312. 8
CN 201510510220. 3
CN 201310493701. 9
CN 201510634838. 0
CN 201410839276. 9
CN 201710881303. 2
CN 201710881291. 3
CN 201510431137. 7
CN 201110231652. 2
CN 201710610409. 9
CN 201510510218. 6
CN 201110298888. 1
CN 201710746109. 3
CN 201910511366. 8
CN 201810600581. 0
CN 201810600542. 0
CN 201711120322. X
CN 201710692429. 5
CN 201510477712. 7
CN 201510478048. 8
CN 201711120597. 3
CN 201510983266. 7
CN 201910361074. 0
CN 201510477711. 2
CN 201611022395. 0
CN 201710190854. 4
CN 201610135110. 8
CN 201711276711. 1
CN 201910068670. X
CN 201610845422. 8
CN 201810602014. 9
CN 201711039645. 6
CN 201510477673. 0
CN 201711114461. 1

CN 201610946916. 5

CN 201810623404. 4

CN 201510624136. 4

CN 201510993513. 1

CN 201610010358. 1

CN 201511027432. 2

CN 201610006681. 1

CN 201610361632. X

CN 201610396570. 6

CN 201610487388. 1

CN 201610591481. 7

CN 201611134695. 8

CN 201510761015. 4

CN 201710023207. 4

CN 201710424554. 8

CN 201710702255. 6

CN 201711035813. 4

CN 201711113492. 5

CN 201711246539. 5

CN 201711239424. 3

CN 201711061236. 6

CN 201810179612. X

CN 201810607704. 3

CN 201810609303. 1

CN 201810608679. 0

CN 201811422579. 5

CN 201810900239. 2

CN 201711089036. 1

CN 201910462352. 1

CN 201710168543. 8

CN 201811307298. 5

CN 201810347814. 0

CN 201811248632. 4

CN 201710814153. 3

CN 201810591968. 4

CN 201710121527. 3

CN 201710479634. 3

CN 201710814144. 4

CN 201710314046. 4

CN 201711166311. 5

CN 201810015820. 6

CN 201811154225. 7

CN 201510615316. 6

CN 201710332214. 3

CN 201711392114. 5

CN 201710738650. X

CN 201510622150. 0

CN 201810601277. 8

CN 201410807802. 3

CN 201410796544. 3

CN 201510084157. 1

CN 201410807870. X

CN 201410812390. 2

CN 201510375926. 3

CN 201410819038. 1

CN 201410812954. 2

CN 201410818878. 6

CN 201410796171. X

CN 201210493093. 7

CN 201310667927. 6

CN 201210391495. 6

CN 201210392252. 4

CN 201410807894. 5

CN 201410803475. 4

CN 201410797267. 8

CN 201410807884. 1

CN 201210393037. 6

CN 201310662819. X

CN 201110309523. 0

CN 201810623624. 7

CN 201210482999. 9

CN 201711239482. 6

CN 201811465270. 4

CN 201410302813. 6

CN 201510377921. 4

CN 201510281668. 2

CN 201711496627. 0

CN 201711496959. 9

CN 201711497055. 8

CN 201711496606. 9

CN 201711496582. 7

CN 201310484034. 8

CN 201310383397. 2

CN 201510999973. 5

CN 201810442120. 5

CN 201710848948. 6

CN 201410433901. X

CN 201811511858. 9

CN 201610403272. 5